高等职业教育"十四五"新形态教材

微信小程序开发项目实战
（微课版）

主　编　黄龙泉　郭　峰　朱　倩

副主编　杨玉凤　李瑞国　廖远来

中国水利水电出版社
www.waterpub.com.cn
·北京·

内 容 提 要

本书体现工学结合的高职人才培养理念，强调"实用为主、必需和够用为度"的原则，在知识与结构上有所创新，采用基于小程序项目开发过程的编写方式，不仅符合高职高专学生的学习特点，而且紧密联系社会实际工作，真正实现学以致用。

全书以商城小程序为中心，全面介绍了小程序基础知识、常用组件、新闻模块、商品模块和数据接口。全书共分为 10 个项目，每个项目包含若干个任务，每个任务包含大量的实用案例。本书将知识点和技能训练融入各个任务，实现了"教、学、做"一体化。

本书可供高职院校软件技术、计算机网络技术、电子商务等相关专业学生使用，也可作为小程序 1+X 考证、中级开发人员与管理人员的入门参考书。

本书配有电子教案、教学 PPT、课程标准、章节案例等电子资源，读者可以从中国水利水电出版社网站（www.waterpub.com.cn）或万水书苑网站（www.wsbookshow.com）免费下载。

图书在版编目（CIP）数据

微信小程序开发项目实战 : 微课版 / 黄龙泉, 郭峰, 朱倩主编. -- 北京 : 中国水利水电出版社, 2024. 12. (高等职业教育"十四五"新形态教材 / 黄龙泉, 郭峰, 朱倩主编). -- ISBN 978-7-5226-3010-6

Ⅰ. TN929.53

中国国家版本馆 CIP 数据核字第 2024U7501R 号

策划编辑：陈红华　　责任编辑：鞠向超　　加工编辑：刘 瑜　　封面设计：苏 敏

书　名	高等职业教育"十四五"新形态教材 微信小程序开发项目实战（微课版） WEIXIN XIAOCHENGXU KAIFA XIANGMU SHIZHAN (WEIKE BAN)
作　者	主　编　黄龙泉　郭　峰　朱　倩 副主编　杨玉凤　李瑞国　廖远来
出版发行	中国水利水电出版社 （北京市海淀区玉渊潭南路 1 号 D 座　100038） 网址：www.waterpub.com.cn E-mail：mchannel@263.net（答疑） 　　　　sales@mwr.gov.cn 电话：（010）68545888（营销中心）、82562819（组稿）
经　售	北京科水图书销售有限公司 电话：（010）68545874、63202643 全国各地新华书店和相关出版物销售网点
排　版	北京万水电子信息有限公司
印　刷	三河市德贤弘印务有限公司
规　格	184mm×260mm　16 开本　14.75 印张　341 千字
版　次	2024 年 12 月第 1 版　2024 年 12 月第 1 次印刷
印　数	0001—2000 册
定　价	45.00 元

凡购买我社图书，如有缺页、倒页、脱页的，本社营销中心负责调换

版权所有·侵权必究

前　言

为贯彻落实党的二十大精神和党中央、国务院有关决策部署，按照《关于深化现代职业教育体系建设改革的意见》《国家职业教育改革实施方案》（国发〔2019〕4 号）有关要求，坚持以教促产、以产助教，不断延伸教育链、服务产业链、支撑供应链、打造人才链、提升价值链，加快形成产教良性互动、校企优势互补的产教深度融合发展格局，持续优化人力资源供给结构，为全面建设社会主义现代化国家提供强大人力资源支撑，国家发展和改革委员会同有关部门研究制定的《职业教育产教融合赋能提升行动实施方案（2023—2025 年）》指出"夯实职业院校发展基础"，为职业院校的教材开发指引了方向。

教材建设是高职院校教育教学工作的重要组成部分，高质量的教材是培养高质量人才的基本保证，高职教材作为体现高职教育特色的知识载体和教学的基本工具，直接关系到高职教育能否为一线岗位培养符合要求的高技术型、高应用型人才。但是长期以来，高职院校所使用的教材大多为传统模式的教材，本书是编者对高职教材的一次探索，以符合高职教育规律的、基于工作过程的角度进行编写。

本书以一个实际的商城小程序项目为中心，全面介绍了应用小程序基础知识和开发流程所涉及的各种操作，包括常用组件、新闻模块、商品模块和数据接口等内容。

本书具有以下特色：

（1）项目驱动。本书分为 10 个项目，每个项目包含若干个任务，每个任务通过多个案例来讲解。本书从小程序开发实际应用需求出发，从软件开发的角度组织知识内容，将知识点融入实际项目开发，注重解决具体应用问题的方法和实现技术。

（2）一案到底。本书以商城小程序项目为中心来组织内容，采用"一案到底"的组织方式使零散的知识具有连贯性，使学生对小程序开发流程的认识更加完整，同时加强案例与实际生活的联系，使案例具有实用性和趣味性。

（3）技能实用。本书选取内容遵循实用原则和"80/20"原则，实用原则指的是所选技术是能够解决工作中实际问题的技术，"80/20"原则是指企业 80% 的时间在使用 20% 的核心技术。因此，本书摒弃了大量非核心的理论知识及技术，而专注于常用的核心技术讲解及训练。"以用为本、学以致用、不用不学、学了就会"是本书内容选择的标准。

（4）"教、学、做"一体化。每一个任务均是先提出任务目标，再由案例演示完成任务过程，最后由学生模仿完成类似的任务。本书在"教、学、做"过程中，通过三重循环使学生掌握知识点，第一重为认识和模仿，第二重为熟练和深化，第三重为创新和提高。

为了方便教学和读者使用，本书配备了丰富的二维码资源和超星课程（https://www.xueyinonline.com/detail/249131016），帮助读者全面掌握微信小程序开发相关技能。

本书由广东科贸职业学院黄龙泉老师组织编写，由黄龙泉、郭峰（包头轻工职业技术学院）、朱倩（河源市职业技术学校）任主编，由杨玉凤（山东中医药大学）、李瑞国（山东中医药大学）、廖远来（河源职业技术学院）任副主编，广州国为信息科技有限公司黎晓锋、广州铂睿信息技术有限公司彭丹总监也参与了本书的编写工作。在本书编写过程中，我们得到了中国水利水电出版社和同行的大力支持和帮助，在此一并表示感谢。

由于编者水平有限，书中不足之处在所难免，恳请读者批评指正。

编 者

2024 年 10 月

目　录

前言

项目 1　初识微信小程序 ……………… 1
　任务 1.1　注册小程序 …………………… 2
　　1.1.1　注册小程序账号 ………………… 2
　　1.1.2　查看小程序 ID …………………… 6
　任务 1.2　认识小程序开发者工具 ……… 7
　　1.2.1　安装微信开发者工具 …………… 7
　　1.2.2　体验微信小程序 ………………… 9
　　1.2.3　开发者工具的介绍 ……………… 11
　任务 1.3　小程序目录结构 ……………… 15
　　1.3.1　小程序与普通网页开发的区别 … 15
　　1.3.2　项目配置文件 …………………… 16
　　1.3.3　主体文件 ………………………… 18
　　1.3.4　页面文件 ………………………… 20
　　1.3.5　其他文件 ………………………… 21
　项目小结 …………………………………… 23
　学习评价 …………………………………… 23
　项目实训 …………………………………… 24
项目 2　小程序编程基础 ……………… 26
　任务 2.1　小程序的执行顺序 …………… 27
　　2.1.1　小程序注册函数 App() ………… 28
　　2.1.2　页面注册函数 Page() …………… 29
　任务 2.2　构建页面数据 ………………… 31
　　2.2.1　页面数据 ………………………… 31
　　2.2.2　数据绑定 ………………………… 33
　任务 2.3　列表渲染 ……………………… 35
　　2.3.1　wx:for 和 wx:key 的使用 ……… 35
　　2.3.2　block wx:for 的使用 …………… 37
　任务 2.4　条件渲染 ……………………… 39
　　2.4.1　wx:if 的使用 …………………… 39
　　2.4.2　block wx:if 的使用 …………… 39
　　2.4.3　hidden 的使用 ………………… 40

　任务 2.5　事件绑定 ……………………… 40
　　2.5.1　事件的使用方式 ………………… 41
　　2.5.2　事件的分类 ……………………… 42
　　2.5.3　事件的捕获阶段 ………………… 44
　　2.5.4　绑定事件示例 …………………… 45
　项目小结 …………………………………… 48
　学习评价 …………………………………… 48
　项目实训 …………………………………… 48
项目 3　小程序常用组件 ……………… 52
　任务 3.1　Flex 弹性盒模型布局 ………… 53
　　3.1.1　Flex 布局相关属性 ……………… 54
　　3.1.2　Flex 布局案例 …………………… 57
　　3.1.3　Flex 项目布局属性 ……………… 59
　任务 3.2　"天天打卡"布局设计 ……… 60
　　3.2.1　案例展示 ………………………… 60
　　3.2.2　案例初始化 ……………………… 61
　　3.2.3　页面基本结构 …………………… 62
　任务 3.3　"天天打卡"功能实现 ……… 63
　　3.3.1　获得个人信息——开放数据 …… 63
　　3.3.2　打卡名称——输入框组件 ……… 64
　　3.3.3　打卡地点——地理位置 API …… 65
　　3.3.4　打卡时间——picker 组件 ……… 67
　　3.3.5　重复日期——条件运算符 ……… 70
　任务 3.4　"天天打卡"数据处理 ……… 71
　　3.4.1　消息提示框 API ………………… 71
　　3.4.2　数据保存——写入缓存 ………… 73
　　3.4.3　打卡标签——读取缓存 ………… 74
　项目小结 …………………………………… 76
　学习评价 …………………………………… 76
　项目实训 …………………………………… 76

项目 4　商城首页模块开发 ·············· 78
任务 4.1　商城项目需求分析 ············· 79
　　4.1.1　首页功能需求 ··················· 80
　　4.1.2　新闻页功能需求 ················ 80
　　4.1.3　产品页功能需求 ················ 80
　　4.1.4　购物车页功能需求 ············· 80
　　4.1.5　个人中心页功能需求 ·········· 81
任务 4.2　商城项目创建 ···················· 81
　　4.2.1　新建小程序项目 ················ 82
　　4.2.2　新建页面文件 ··················· 82
　　4.2.3　导航栏设计 ······················· 83
任务 4.3　商城首页视图的设计 ·········· 84
　　4.3.1　tabBar 组件的设计 ············ 84
　　4.3.2　swiper 组件的设计 ············ 86
　　4.3.3　navigator 组件的设计 ········ 88
　　4.3.4　scroll-view 组件的设计 ····· 90
　　4.3.5　公共样式的设计 ················ 93
任务 4.4　商城首页动画的实现 ·········· 94
　　4.4.1　Animation 动画实例 ········· 94
　　4.4.2　关键帧动画 ······················· 95
　　4.4.3　实现商品动画效果 ············· 97
项目小结 ··· 99
学习评价 ··· 100
项目实训 ··· 100

项目 5　新闻页面模块开发 ·············· 102
任务 5.1　新闻页面视图层的设计 ········ 103
　　5.1.1　项目展示 ·························· 103
　　5.1.2　新闻列表页面的设计 ·········· 104
　　5.1.3　新闻列表样式的设计 ·········· 105
任务 5.2　新闻列表页面的实现 ·········· 106
　　5.2.1　静态数据的定义 ················ 106
　　5.2.2　新闻列表页面数据绑定 ······ 108
　　5.2.3　筛选功能的设计 ················ 109
　　5.2.4　下拉刷新示例 ··················· 113
　　5.2.5　上拉触底示例 ··················· 114
　　5.2.6　页面跳转 API ··················· 115
任务 5.3　新闻详情页面的实现 ·········· 115

　　5.3.1　新闻详情页面的设计 ·········· 116
　　5.3.2　获取对应的详情数据 ·········· 117
　　5.3.3　收藏功能的实现 ················ 118
　　5.3.4　转发分享功能的实现 ·········· 120
　　5.3.5　背景音乐的实现 ················ 123
项目小结 ··· 125
学习评价 ··· 125
项目实训 ··· 126

项目 6　商品页面模块开发 ·············· 128
任务 6.1　商品分类视图层的设计 ········ 129
　　6.1.1　项目展示 ·························· 129
　　6.1.2　定义静态数据 ··················· 131
　　6.1.3　商品分类区域 ··················· 132
　　6.1.4　商品分类展示区域 ············· 134
　　6.1.5　商品分类列表滚动 ············· 136
任务 6.2　商品列表页面的设计 ·········· 137
　　6.2.1　商品列表页的布局 ············· 138
　　6.2.2　商品列表页的样式 ············· 138
　　6.2.3　自定义组件的创建 ············· 140
　　6.2.4　自定义组件的使用 ············· 143
任务 6.3　商品详情页面的设计 ·········· 143
　　6.3.1　商品详情页轮播图 ············· 143
　　6.3.2　商品详情页标题信息 ·········· 146
　　6.3.3　使用 iconfont 图标库 ········ 147
　　6.3.4　picker 组件的使用 ············ 149
　　6.3.5　商品详情页长图的实现 ······ 151
　　6.3.6　商品详情页底部的实现 ······ 151
项目小结 ··· 154
学习评价 ··· 154
项目实训 ··· 154

项目 7　购物车模块开发 ··················· 156
任务 7.1　定义购物车基础数据 ·········· 157
　　7.1.1　项目展示 ·························· 157
　　7.1.2　定义静态数据 ··················· 157
　　7.1.3　购物车视图页面 ················ 158
任务 7.2　购物车页面详情 ················ 159
　　7.2.1　购物车商品列表 ················ 159

7.2.2	购物车商品数量	161
7.2.3	购物车底部信息	163
7.2.4	购物车为空状态	165

任务 7.3　购物车结算金额 …… 166
　　7.3.1　单选商品金额计算 …… 166
　　7.3.2　全选商品金额计算 …… 167
项目小结 …… 168
学习评价 …… 168
项目实训 …… 169

项目 8　用户信息模块开发 …… 171
任务 8.1　用户信息页面 …… 172
　　8.1.1　项目展示 …… 172
　　8.1.2　用户登录流程 …… 173
　　8.1.3　实现用户授权登录 …… 175
　　8.1.4　退出登录 …… 177
任务 8.2　模板的使用 …… 177
　　8.2.1　模板语法 …… 177
　　8.2.2　创建模板 …… 179
　　8.2.3　使用模板 …… 180
任务 8.3　ECharts 在小程序中的运用 …… 181
　　8.3.1　配置 ECharts …… 181
　　8.3.2　柱状图的使用 …… 182
　　8.3.3　饼图的使用 …… 184
　　8.3.4　折线图的使用 …… 186
项目小结 …… 187
学习评价 …… 187
项目实训 …… 188

项目 9　接口的设计与开发 …… 190
任务 9.1　Node.js …… 191
　　9.1.1　Node.js 基础 …… 191
　　9.1.2　Node.js 安装配置 …… 191
　　9.1.3　创建 Node.js 项目 …… 192

　　9.1.4　获取项目静态资源 …… 195
任务 9.2　路由配置 …… 196
　　9.2.1　路由配置的概念 …… 196
　　9.2.2　GET 请求方式 …… 197
　　9.2.3　POST 请求方式 …… 198
任务 9.3　小程序访问数据接口 …… 202
　　9.3.1　配置合法域名 …… 202
　　9.3.2　小程序请求数据接口 …… 203
任务 9.4　项目综合案例 …… 206
　　9.4.1　小程序表单组件设计 …… 206
　　9.4.2　创建 Node.js 项目 …… 208
　　9.4.3　小程序与服务器数据交互 …… 209
项目小结 …… 210
学习评价 …… 210
项目实训 …… 211

项目 10　新闻数据接口 …… 213
任务 10.1　数据库基本操作 …… 214
　　10.1.1　创建数据库和数据表 …… 214
　　10.1.2　新建项目 …… 215
　　10.1.3　安装数据库 …… 215
任务 10.2　操作数据表 …… 217
　　10.2.1　执行添加语句 …… 217
　　10.2.2　执行查询操作 …… 218
　　10.2.3　执行更新语句 …… 219
　　10.2.4　执行删除语句 …… 220
任务 10.3　数据接口的实现 …… 221
　　10.3.1　添加数据接口 …… 221
　　10.3.2　查询数据接口 …… 223
项目小结 …… 225
学习评价 …… 225
项目实训 …… 225

参考文献 …… 227

项目 1　初识微信小程序

 教学导航

学习目标

1. 掌握小程序账号注册流程。
2. 了解如何查看小程序开发 AppID。
3. 熟练掌握小程序开发者工具的使用方法。
4. 掌握小程序目录结构及每个文件的作用。

素质园地

1. 培养创新意识、创新精神，搜索目前流行的几款小程序并了解其推广使用程度。对比几款小程序，在创新性和人机界面等方面，提出自己新的观点与见解。

2. 制作主题为"小程序技术发展史"的演示文稿，分小组上台展示。培养学生的网络信息搜索能力，能够在网上搜索小程序发展史、常用小程序的新知识。

职业素养

1. 扫码观看视频"软件工程师——职业规划"，分析自己的职业规划。
软件工程师——职业规划

2. 了解小程序的流行程度并思考其流行原因。引导学生树立正确的人生目标和远大理想，制定计划，并向着目标努力前行。

3. 了解开源社区的活跃现状，鼓励学生传承开放包容、互利互赢的互联网精神，在行业发展的大潮中更好地实现个人发展。

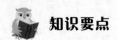
知识要点

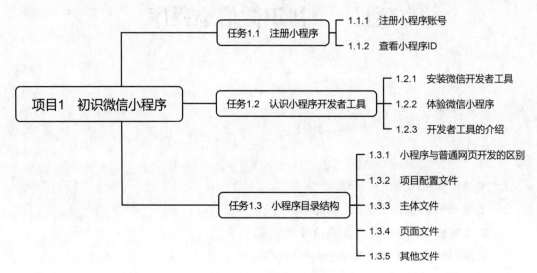

图 1-1 本项目知识要点

任务 1.1 注册小程序

张小龙于 2017 年 1 月 9 日在微信公开课上宣布微信小程序（Mini Program，简称小程序）正式上线。小程序是一种不需要下载安装即可使用的移动应用程序，它实现了应用"触手可及"，用户扫一扫或搜一下即可打开应用。小程序在诞生初期，备受各界人士关注和期待，但短期之内并未彻底颠覆现有的应用模式，因此一些人曾一度认为小程序只是昙花一现。然而事实证明，小程序并没有就此消沉，而是在扎扎实实、脚踏实地地改变着整个互联网。"跳一跳"游戏小程序的出现，让更多的人认识到了小程序。

1.1.1 注册小程序账号

开发者可以打开微信公众平台网址，注册小程序管理账号，只有注册了账号，才能进行后续的代码开发与提交工作。目前微信小程序注册面向个人、企业、政府、媒体和其他组织开放。下面对注册流程做简单介绍。

注册小程序账号

访问微信公众平台官网首页，在首页下方选择"小程序"，如图 1-2 所示，进入小程序页面。

在该页面，可以看到小程序的接入流程，如图 1-3 所示，即注册、小程序信息完善、开发小程序及提交审核和发布。

单击"前往注册"按钮，进入"小程序注册"页面填写信息，填写的邮箱必须没有绑定过个人微信，也没有注册过微信公众平台下的订阅号或者服务号。在该页面中填写邮箱、密码、确认密码、验证码并勾选同意协议条款，如图 1-4 所示。

图 1-2　微信公众平台官网首页

图 1-3　小程序接入流程

图1-4 填写注册信息

单击"注册按钮"后小程序系统会发送一份确认邮件到注册邮箱中。单击"登录邮箱"按钮，到邮箱中确认激活信息，如图1-5所示。

图1-5 邮箱激活提醒

登录对应的注册邮箱，查看小程序激活邮件，如图1-6所示。

信息登记是比较关键的一步，需要填写开发者的真实姓名、身份证号码和手机号码，并且需要用个人微信号扫描二维码来绑定小程序管理账户。

本书为个人开发者小程序入门，"主体类型"选择"个人"选项，如图1-7所示。企业类型账号注册需要企业缴费认证，而政府、媒体或其他组织账号注册需要验证主体单位的身份。

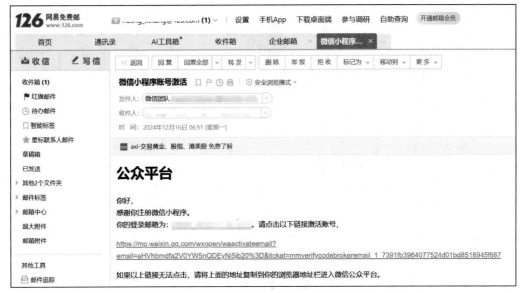

图 1-6 小程序激活邮件

图 1-7 小程序信息登录页面

单击"登录"页面下方的"继续"按钮,系统会弹出一个提示框让开发者做最终确认,如图 1-8 所示。单击"确定"按钮,完成小程序管理账号的注册过程。

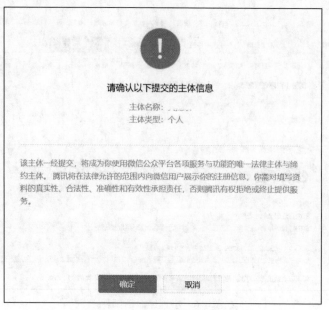

图 1-8　开发者做最后的确认

 练一练

按照以上注册小程序账号的步骤，尝试使用未注册的邮箱申请小程序开发者账号。

1.1.2　查看小程序 ID

成功注册小程序开发者账号之后，直接进入小程序后台管理页面或者登录微信公众平台查看个人的小程序 ID（AppID），如图 1-9 所示。在左侧导航栏里选择"开发与服务"→"开发管理"选项，在"开发设置"选项卡里查看到个人的 AppID。该 AppID 需要保存好，在后续的开发中需要读取 AppID 信息。

图 1-9　查看小程序的 ID

任务 1.2　认识小程序开发者工具

1.2.1　安装微信开发者工具

认识小程序开发者工具

为了帮助开发者简单、高效地开发和调试小程序，腾讯公司推出了微信开发者工具，该工具集成了公众号网页调试和小程序调试两种开发模式。开发者可在官方网站下载微信开发者工具，如图 1-10 所示。

图 1-10　微信开发者工具下载界面

下载完成后，双击 wechat_devtools_1.05.2111300_x64.exe 文件进行开发者工具的安装。安装步骤如图 1-11～图 1-15 所示。

图 1-11　"安装向导"对话框

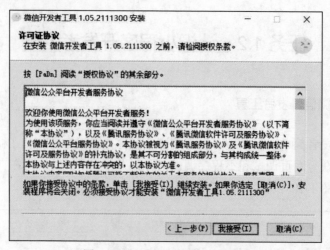

图 1-12 "许可证协议"对话框

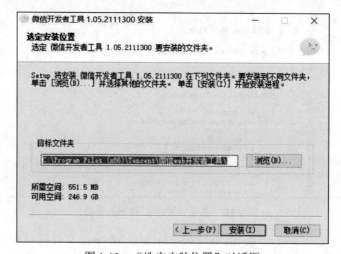

图 1-13 "选定安装位置"对话框

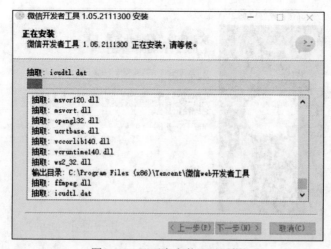

图 1-14 "正在安装"对话框

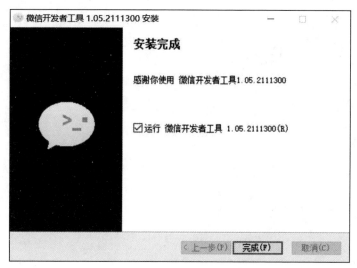

图 1-15 "安装完成"对话框

1.2.2 体验微信小程序

安装好微信开发者工具之后,双击桌面"微信开发者工具"图标,运行微信开发者工具,该工具需要使用手机微信账号扫描登录,如图 1-16 和图 1-17 所示。

图 1-16 扫描登录界面

图 1-17 扫描成功界面

成功登录之后,双击微信开发者工具,在左侧导航栏选择"小程序项目"→"小程序"选项,如图 1-18 所示,单击右侧的"+"按钮,进入创建小程序界面,如图 1-19 所示,依次设置"项目名称""目录""AppID""开发模式""后端服务""语言"以及"模板选择"。为方便开发者开发和体验小程序、小游戏的各种功能,开发者可以申请小程序或小游戏的测试号。

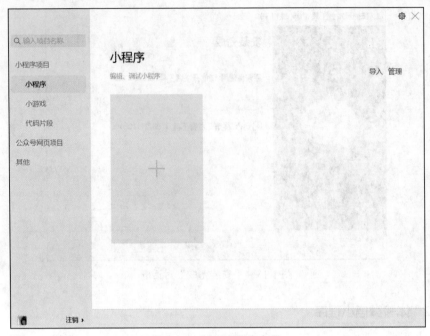

图 1-18　新建小程序向导

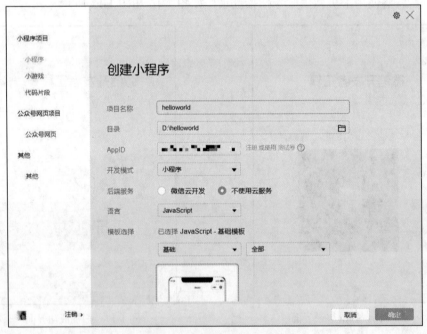

图 1-19　创建小程序界面

（1）项目名称：定义一个项目名称。

（2）目录：指定项目放置的路径。

（3）AppID：每个小程序账号提供了一个 AppID，需要在微信公众平台查看自己的 AppID（参考 1.1.2 小节）。

（4）开发模式：包括"小程序"和"插件"两个选项。

1）小程序：开发者在开发者工具上开发好相关的业务逻辑之后，在"项目"页中提交预览即可以在微信中查看小程序的真实表现。

2）插件：可被添加到小程序内并直接使用的功能组件。开发者可以像开发小程序一样开发一个插件，供其他小程序使用。同时，小程序开发者可直接在小程序内使用插件，无须重复开发，为用户提供更丰富的服务。

（5）后端服务：包括"微信云开发"和"不使用云服务"两个选项。微信云开发是微信团队联合腾讯云推出的专业小程序开发服务。开发者提供云函数、云数据库、云存储等能力，并可免鉴权调用微信接口。开发者无须搭建服务器，直接使用平台提供的应用程序接口（Application Program Interface，API）进行业务开发。本项目选择"不使用云服务"选项。

（6）语言：包括JavaScript、TypeScript、TypeScript+Less、TypeScript+Sass等4个选项。TypeScript（Typed JavaScript at Any Scale）由Microsoft开发，是JavaScript的一个超集，主要提供了类型系统和对ES6（ECMAScript，JavaScript语言的标准）的支持。

（7）模板选择：开发者工具提供了几款模板，开发者可以根据需要选择合适的模板。

1.2.3　开发者工具的介绍

当开发者创建项目之后，会进入微信开发者工具的主界面。从图1-20中可以看出，微信开发者工具的主界面主要由菜单栏、工具栏、模拟器、资源管理器、编辑器、调试器组成。

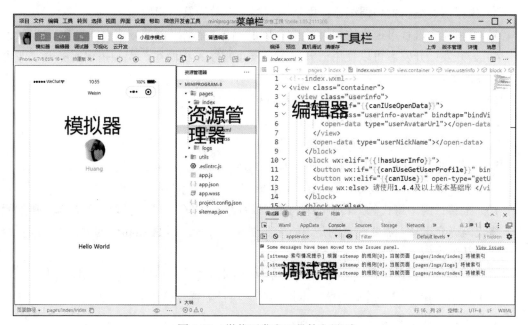

图1-20　微信开发者工具的主界面

（1）菜单栏：通过菜单栏可以使用微信开发者工具的大部分功能，如图1-21所示，常用的菜单如下。

项目 文件 编辑 工具 转到 选择 视图 界面 设置 帮助 微信开发者工具

图 1-21　菜单栏

1）项目：用于新建项目、查看所有项目和关闭当前项目。

2）文件：用于文件的新建、保存和关闭操作。

3）编辑：用于编辑代码、代码格式的操作。

4）工具：用于访问一些辅助工具，如项目的刷新、编译和预览、前后台切换等。

5）转到：用于编辑器的操作，如切换编辑器、代码行的切换等操作。

6）选择：用于代码行的选择、移动、匹配等操作。

7）视图：包括预览、调试、开发者工具设置等视图相关的操作。

8）界面：用于目录栏、编辑器、模拟器、调试器和目录树的显示控制。

9）设置：用于对外观、快捷键、编辑器等进行设置。

10）帮助：用于帮助文档的查找，提供了开发者文档等帮助信息。

11）微信开发者工具：用于切换账号、开发者工具版本的更新。

（2）工具栏：提供了一些常用功能的快捷按钮，如图 1-22 所示，具体说明如下。

模拟器 编辑器 调试器 可视化 云开发　小程序模式　普通编译　　编译 预览 真机调试 清缓存　　上传 版本管理 详情 消息

图 1-22　工具栏

1）个人中心：显示当前登录用户的用户名、头像。

2）模拟器、编辑器和调试器：用于控制相应工具的显示和隐藏。

3）可视化：进行可视化的编辑，开发者可以通过拖动组件的方式设计界面。

4）云开发：开发者可以使用云开发来开发小程序、小游戏，无须搭建服务器，即可使用云端服务。

5）小程序模式：用于小程序模式或插件模式的切换。

6）编译：编写小程序的代码后，需要编译才能运行。

7）预览：用于生成二维码进行真机预览。

8）真机调试：可以实现直接利用开发者工具，生成二维码进行真机远程调试。

9）清缓存：用于清除模拟器缓存、清除编译缓存、全部清除操作。

10）上传：用于将代码上传到小程序管理后台，可以在"开发管理"中查看上传的版本，将代码提交审核。需要注意的是，如果在创建项目时使用的 AppID 为测试号，则不会显示"上传"按钮。

11）版本管理：用于通过 Git（分布式版本控制系统）对小程序进行版本管理。

12）详情：用于查看基本信息、本地设置、项目配置、腾讯云等设置。

13）消息：用于查看各类通知信息。

（3）模拟器：用于在计算机中模拟小程序在不同型号手机上的执行效果，小程序的代码通过编译后可以在模拟器上直接运行。开发者可以选择不同的机型、显示比例和字体大小，如图 1-23 所示。

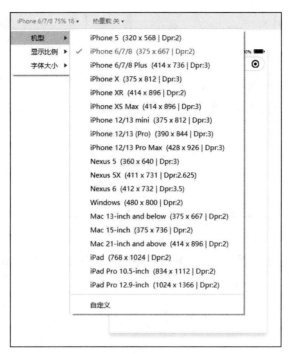

图 1-23　模拟器

（4）资源管理器：在资源管理器里，可以添加新的文件，文件类型包括 WXML、JS、WXSS 和 JSON。在资源管理器中还可以创建新的文件夹，如图 1-24 所示。

图 1-24　资源管理器

（5）编辑器：在编辑器中可以打开多个页面切换查看，小程序提供自动联想功能，如图 1-25 所示。

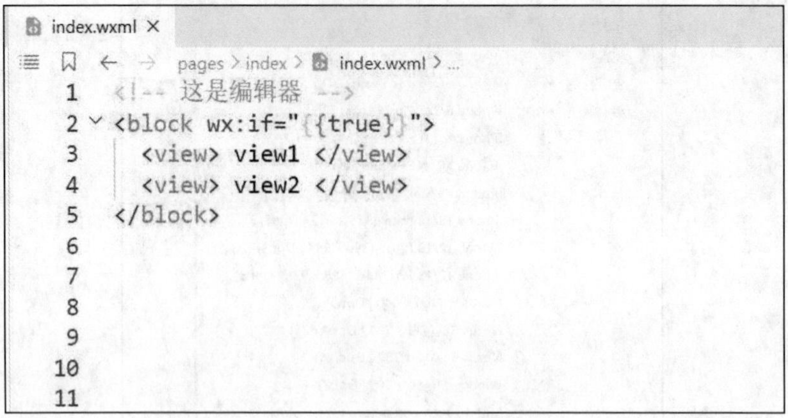

```
<!-- 这是编辑器 -->
<block wx:if="{{true}}">
    <view> view1 </view>
    <view> view2 </view>
</block>
```

图1-25 编辑器

（6）调试器：主要包括 Wxml、AppData、Console、Sources、Storage、Network、Memory、Security、Sensor、Mock、Audits、Trace 和 Vulnerability 功能模块，如图1-26所示。

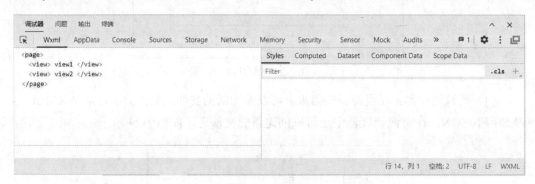

图1-26 调试器

1）Wxml：用于查看当前页面的 WXML 代码以及对应的渲染样式。

2）AppData：用于查看小程序页面 JS 文件中 data 数据的变化。

3）Console：用于显示开发过程中的提示信息，这是小程序调试的基础功能。

4）Sources：小程序资源面板，用于显示本地和云端的相关资料文件。

5）Storage：用于查看本地存储的数据，显示当前项目的数据缓存情况。

6）Network：用于观察和显示网络请求和响应情况。

7）Memory：用于内存调试，开发者可以使用 Memory 面板，获取小程序逻辑层的 JS 堆内存快照，分析内存分布情况，排查内存泄漏问题。

8）Security：小程序安全面板，当发生网络请求时，用于检测、记录所使用的域名来源是否安全。

9）Sensor：开发者可以选择模拟地理位置或模拟移动设备的表现，用于调试重力感应 API。

10）Mock：用于模拟部分 API 的调用结果。

11）Audits：用于评测小程序性能，定位和识别小程序运行过程中的体验问题，从性能、体验、最佳实践3个维度对小程序进行分析，同时提供优化建议。

12）Trace：用于实时监控小程序的性能，可获取内存、中央处理器（Central Processing Unit，CPU）、启动时间、各函数的执行时间等。

13）Vulnerability：用于发现并修复小程序内的接口安全漏洞，提升小程序安全性。

练一练

在微信官方文档中查找 API Mock，了解 Mock 调试器的基本用法，模拟部分 API 的调用结果。

任务 1.3　小程序目录结构

小程序目录结构

新建小程序后，项目根目录包含了项目配置文件 project.config.json，页面文件 pages，主体文件 app.js、app.json 和 app.wxss，其他文件 util.js、eslintrc.js 和 sitemap.json 等，如图 1-27 所示。

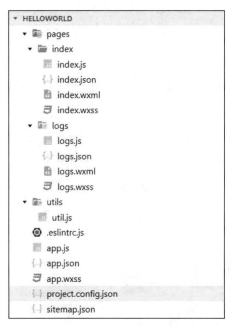

图 1-27　小程序目录结构

1.3.1　小程序与普通网页开发的区别

小程序的主要开发语言是 JavaScript，且与普通的网页开发很相似。对于前端开发者而言，从网页开发迁移到小程序的开发成本并不高，但是二者还是有些许区别的。

网页开发渲染线程和脚本线程是互斥的，这也是为什么长时间的脚本运行可能会导致页面失去响应，而在小程序中，二者是分开运行的。网页开发者可以使用各种浏览器暴露出来的文档对象模型（Document Object Model，DOM）API，进行 DOM 选中和操作。而小程序的逻辑层和渲染层是分开的，逻辑层运行在 JavaScript Core 中，并没有一个完整的浏览器对象，因而缺少相关 DOM API 和浏览器对象模型（Browser Object Model，BOM）API。这一区别导致了前端开发者非常熟悉的一些库，如 jQuery、Zepto 等，在小程序中无法运行。同时，JavaScript Core 的环境同 NodeJS 环境也不尽相同，所以一些包管理器（Node Package Manager，NPM）的包在小程序中也是无法运行的。

网页开发者需要面对的环境是各式各样的浏览器，在 PC 端需要面对 Edge、Chrome、QQ 浏览器等，在移动端需要面对 Safari、Chrome 及 iOS、Android 系统中的各式 WebView。而在小程序开发过程中，开发者需要面对的是两大操作系统 iOS 和 Android 的微信客户端，以及用于辅助开发的小程序开发者工具。小程序三大运行环境也是有所区别的，见表 1-1。

表 1-1 小程序三大运行环境

运行环境	逻辑层	渲染层
iOS	JavaScript Core	WK WebView
Android	V8	Chromium 定制内核
小程序开发者工具	NW.js	Chrome WebView

网页开发者在开发网页时，只需要使用浏览器，并且搭配上一些辅助工具或编辑器即可。小程序的开发则有所不同，需要经过申请小程序账号、安装小程序开发者工具、配置项目等过程，微信小程序与网页在开发上类似，如图 1-28 所示。

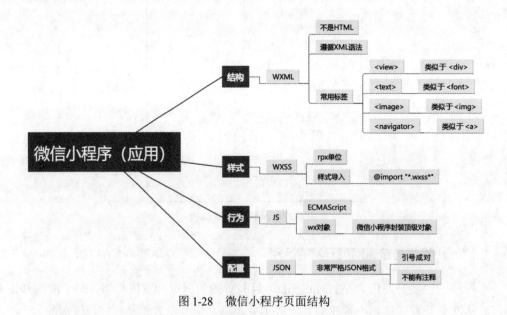

图 1-28 微信小程序页面结构

1.3.2 项目配置文件

微信开发者工具自动为每个小程序项目生成一个配置文件，即项目下的 project.config.json，在工具上设置的相关配置都会写入这个文件，项目配置文件属性见表 1-2。

表 1-2 项目配置文件属性

属性	类型	描述
miniprogramRoot	Path String	指定小程序源码的目录（需为相对路径）
qcloudRoot	Path String	指定腾讯云项目的目录（需为相对路径）
pluginRoot	Path String	指定插件项目的目录（需为相对路径）
cloudbaseRoot	Path String	云开发代码根目录
compileType	String	编译类型
setting	Object	项目设置
libVersion	String	基础库版本
appid	String	项目的 AppID，只在新建项目时读取
projectname	String	项目的名字，只在新建项目时读取
packOptions	Object	打包配置选项
debugOptions	Object	调试配置选项
watchOptions	Object	文件监听配置设置
scripts	Object	自定义预处理

在 project.config.json 文件里设置的配置信息，也可以通过可视化界面来配置，即在微信开发者工具右侧"详情"→"本地设置"选项卡中配置相关信息，如图 1-29 所示。

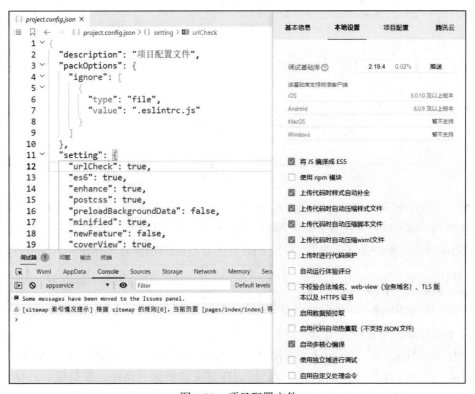

图 1-29 项目配置文件

1.3.3 主体文件

在小程序项目下,有 3 个主体文件,分别是定义全局数据和函数文件 app.js、全局配置文件 app.json、全局样式文件 app.wxss,见表 1-3。

表 1-3 3 个主体文件

文件	是否必需	作用
app.js	是	小程序逻辑
app.json	是	小程序公共配置
app.wxss	否	小程序公共样式表

1. app.js 文件

app.js 文件用来定义全局函数和全局数据,如图 1-30 所示,指定微信小程序生命周期函数,每个小程序都需要在 app.js 中调用 App()函数方法注册小程序实例,绑定生命周期回调函数、错误监听和页面不存在监听函数等。

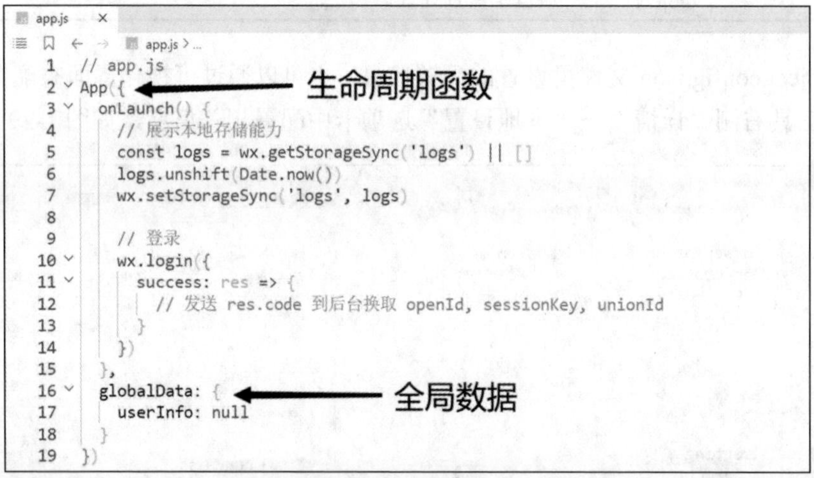

```
// app.js
App({
  onLaunch() {
    // 展示本地存储能力
    const logs = wx.getStorageSync('logs') || []
    logs.unshift(Date.now())
    wx.setStorageSync('logs', logs)

    // 登录
    wx.login({
      success: res => {
        // 发送 res.code 到后台换取 openId, sessionKey, unionId
      }
    })
  },
  globalData: {
    userInfo: null
  }
})
```

图 1-30 app.js 文件

整个小程序只有一个 App 实例,App(Object object)只接收一个 Object 参数,其是全部页面共享的。App()必须在 app.js 中调用,必须调用且只能调用一次。开发者可以通过 getApp()获取全局唯一的 App 实例,获取 App 上的数据或调用开发者注册在 App 上的函数。

```
// xxx.js
const appinstance = getApp()
console.log(appInstance.globalData)   //我是全局数据
```

2. app.json 文件

小程序根目录下的 app.json 文件用来对微信小程序进行全局配置,app.json 配置属性见表 1-4。文件内容为一个 JSON 对象,可以配置文件页面的路径、窗口显示、导航栏、插件功能、是否开启配置模式、网络超时时间等信息。

表 1-4 app.json 配置属性

属性	类型	是否必填	描述
entryPagePath	String	否	小程序默认启动首页
pages	String[]	是	页面路径列表
window	Object	否	全局的默认窗口表现
tabBar	Object	否	底部 tab 栏的表现
networkTimeout	Object	否	网络超时时间
debug	Boolean	否	是否开启 debug 模式，默认关闭
functionalPages	Boolean	否	是否启用插件功能页，默认关闭
subpackages	Object[]	否	分包结构配置
workers	String	否	Worker 代码放置的目录
requiredBackgroundModes	String[]	否	需要在后台使用的功能，如音乐播放
plugins	Object	否	使用的插件
preloadRule	Object	否	分包预下载规则
resizable	Boolean	否	PC 小程序是否支持用户任意改变窗口大小（包括最大化窗口）；iPad 小程序是否支持屏幕旋转。默认关闭
usingComponents	Object	否	全局自定义组件配置
permission	Object	否	小程序接口权限相关设置
sitemapLocation	String	是	指明 sitemap.json 的位置
style	String	否	指定使用升级后的 WeUI 样式
useExtendedLib	Object	否	指定需要引用的扩展库
entranceDeclare	Object	否	微信消息用小程序打开
darkmode	Boolean	否	小程序支持 DarkMode
themeLocation	String	否	指明 theme.json 的位置，darkmode 为 true 时，该属性为必填
lazyCodeLoading	String	否	配置自定义组件代码按需注入
singlePage	Object	否	单页模式相关配置
supportedMaterials	Object	否	聊天素材小程序打开相关配置
serviceProviderTicket	String	否	定制化型服务商票据
embeddedAppIdList	String[]	否	半屏小程序 AppID
halfPage	Object	否	视频号直播半屏场景设置

3. app.wxss 文件

WXSS（WeiXin Style Sheets）是一套样式语言，用于描述 WXML 的组件样式。WXSS 用来决定 WXML 的组件应该怎么显示。为了适应广大的前端开发者，WXSS 有层叠样式表（Cascading Style Sheets，CSS）大部分特性。同时为了更适合开发小程序，WXSS 对 CSS 进行了扩充以及修改。

定义在 app.wxss 中的样式为全局样式，作用于每一个页面，如图 1-31 所示。在 pages

的 wxss 文件中定义的样式为局部样式，只作用于对应的页面，并会覆盖 app.wxss 中相同的选择器。

```
/**app.wxss**/
.container {
  height: 100%;
  display: flex;
  flex-direction: column;
  align-items: center;
  justify-content: space-between;
  padding: 200rpx 0;
  box-sizing: border-box;
}
```

图 1-31　app.wxss 文件

与 CSS 相比，WXSS 扩展的特性包括尺寸单位和样式导入。响应像素（responsive pixel，rpx）可以根据屏幕宽度进行自适应。规定屏幕宽为 750rpx。如在 iPhone6 上，屏幕宽度为 375 像素（pixel，px），共有 750 个物理像素，则 750rpx = 375px = 750 个物理像素，1rpx = 0.5px = 1 个物理像素，具体的换算见表 1-5。

表 1-5　rpx 换算 px

设备	rpx 换算 px（屏幕宽度/750）	px 换算 rpx（750/屏幕宽度）
iPhone5	1rpx = 0.42px	1px = 2.34rpx
iPhone6	1rpx = 0.5px	1px = 2rpx
iPhone6 Plus	1rpx = 0.552px	1px = 1.81rpx

1.3.4　页面文件

小程序页面文件放置在 pages 文件夹下，每个页面包括了 4 个与文件夹同名的文件，文件扩展名分别是 .js、.json、.wxml、.wxss，如图 1-32 所示。

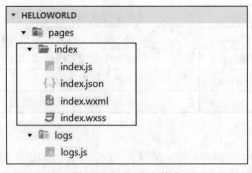

图 1-32　pages 文件夹

注意：为了方便开发者减少配置项，描述页面的 4 个文件必须具有相同的路径与文件名。

（1）js 文件：小程序中的每个页面都需要在页面对应的 js 文件中进行注册，指定页面的初始数据、生命周期回调、事件处理函数等。简单的页面可以使用 Page() 函数进行构造。

（2）json 文件：用来对本页面的窗口视图进行配置，页面中配置项会覆盖 app.json 的 window 属性中相同的配置项。

（3）wxml 文件：WXML（WeiXin Markup Language）是框架设计的一套标签语言，结合基础组件、事件系统可以构建出页面的结构。

（4）wxss 文件：WXSS 用来决定 WXML 的组件应该怎么显示。在页面文件中，该文件主要用于设置当前页面组件的样式效果。

页面文件含义见表 1-6。

表 1-6　页面文件含义

文件类型	是否必需	作用
JS	是	页面逻辑
WXML	是	页面结构
JSON	否	页面配置
WXSS	否	页面样式表

1.3.5　其他文件

1. util.js 文件

utils 文件夹用来存放公共的 js 文件，如 util.js 文件。可以把一些常用的函数，如日期格式化、产生随机数、网络地址等放在 util.js 文件中，在有需要的组件中引入。

全局调用自定义的 js 文件前，需要在被调用的 js 文件中使用以下语句进行声明，如图 1-33 所示。

```
module.exports = {
    被调用的函数名称
}
```

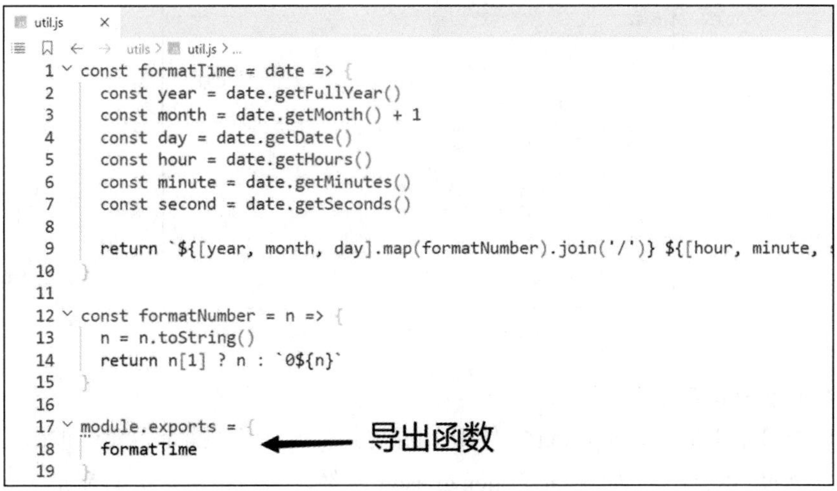

图 1-33　util.js 文件

在调用时只需要在文件中加入以下语句即可调用，如图1-34所示。

```
const utils=require('../../utils/util')
```

图1-34　导入util.js文件

2. .eslintrc.js文件

使用框架搭建小程序时，为了便于多人协作开发，常常会引入ESLint来规范代码书写，使得不同的开发者写出风格统一的代码。ESLint由JavaScript红宝书作者Nicholas C. Zakas编写，2013年发布第一个版本。

如果.eslintrc.js文件放在项目根目录，则会应用到整个项目；如果子目录中也包含.eslintrc.js文件，则子目录会忽略根目录的配置文件，应用该目录中的配置文件。这样可以方便地对不同环境的代码应用不同的规则，如图1-35所示。

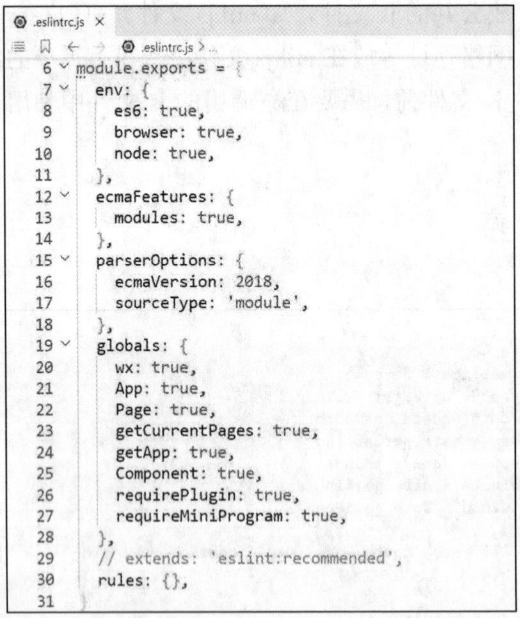

图1-35　.eslintrc.js文件

3. sitemap.json文件

小程序根目录下的sitemap.json文件用于配置小程序及其页面是否允许被微信索引，文件内容为一个JSON对象，如果没有sitemap.json文件，则默认所有页面都允许被索引，如图1-36所示。

```
{} sitemap.json ×
{} ← {} sitemap.json >
1  {
2    "desc": "关于本文件的更多信息，请参考文档 https://developers.weixin.qq.com/mi
3    "rules": [{
4      "action": "allow",
5      "page": "*"
6    }]
7  }
```

图 1-36　sitemap.json 文件

sitemap.json 文件属性见表 1-7。

表 1-7　sitemap.json 文件属性

属性	类型	是否必填	描述
rules	Object[]	是	索引规则列表

rules 配置项指定了索引规则，每项规则为一个 JSON 对象，具体属性见表 1-8。

表 1-8　rules 配置项

属性	类型	是否必填	取值	取值说明
action	String	否	"allow"、"disallow"	命中该规则的页面是否能被索引
page	String	是	"*"、页面的路径	*表示所有页面，不能作为通配符使用
params	String[]	否		当 page 属性指定的页面在被本规则匹配时，可能使用的页面参数名称的列表（不含参数值）
matching	String	否		当 page 属性指定的页面在被本规则匹配时，此参数说明 params 匹配方式
priority	Number	否		优先级，值越大则规则越早被匹配，否则默认从上到下匹配

项 目 小 结

本项目内容包括微信小程序开发账号的注册、安装微信开发者工具、体验微信小程序项目、开发者工具的介绍，以及小程序目录结构。开发者需要熟练掌握小程序界面的使用方法，以便日后快速掌握小程序开发流程。

学 习 评 价

小组合作完成主题辩论"如何更有效地学习微信小程序开发"，并对整个合作过程进行评价，完成表 1-9。

表 1-9 小组合作评价量表

评价者：　　　　　　　　　　　　　　　　　　　　所在小组：

评价项目		评价指标（每项 10 分）	成员 1	成员 2	成员 3
1	前期准备	总是为小组提供所需材料，且随时准备工作			
2	小组贡献	参与小组或班组讨论时，总是提供有用的建议			
3	工作质量	在大部分时间里踊跃参与，提供质量最好的工作			
4	时间管理	在整个项目中，事情都按时完成			
5	问题解决	在小组合作过程中主动寻找问题解决的方案			
6	合作态度	从不挑剔项目工作，总是对任务持积极的态度			
7	集中精力	一直集中精力于任务和需要做的事情上			
8	个人努力	为团队作出自己最大努力，完成团队任务			
9	小组效率	关注小组的项目效率，提出有效的完成办法			
10	与人合作	总是听取、共享、支持他人或自己的想法			
		总分			
我非常愿意与她（他）再分到一组（填"是"或"否"）					

项目实训

一、选择题

1. 下面关于 WXML 的说法错误的是（　　　）。
   A．WXML 是指 WeiXin Markup Language，用于构建页面的结构
   B．具有数据绑定、列表渲染的能力
   C．可以进行 if/else 等简单的条件渲染
   D．目前还不支持进行事件绑定

2. 小程序是通过（　　）方式实现动态改变样式的。
   A．提供修改样式的 API
   B．使用 WXML 提供的数据绑定功能
   C．直接操作 DOM
   D．没有任何方式

3. 微信小程序的页面逻辑部分主要是使用（　　　）语言开发的。
   A．Java　　　　　　B．JavaScript　　　　　C．C++　　　　　　D．C#

二、综合实训

微信小程序提取公用函数到 util.js 及使用方法示例。

步骤 1：在 util.js 文件中定义获取图片路径函数，如图 1-37 所示，代码如下。

```javascript
//定义图片路径
var URl='http://www.uhlocal.com/images/';
//定义获取图片路径函数
var getImageurl= imageurl =>{
    return URl+imageurl;
}
//输出函数
module.exports = {
    formatTime,
    URl:URl,
    getImageurl:getImageurl
}
```

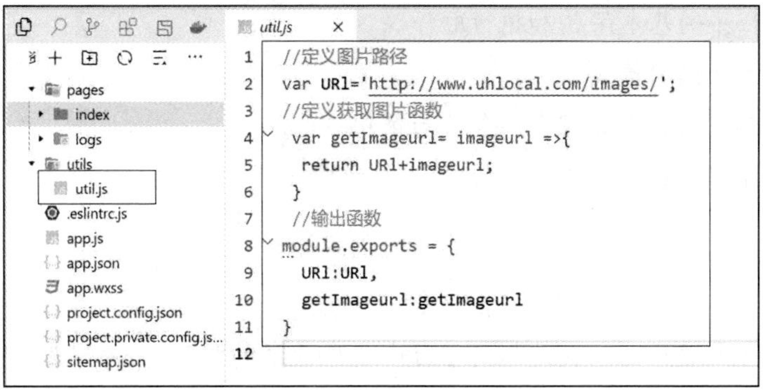

图 1-37　util.js 文件定义函数

步骤 2：在 index.js 文件中调用 util.js 文件的获取图片路径函数，如图 1-38 所示，代码如下。

```javascript
// 模块化引用utils里面的js地址
var utils=require('../../utils/util.js')
// console.log(utils)可查看获得的函数
console.log(utils.getImageurl('banner-01.png'))
```

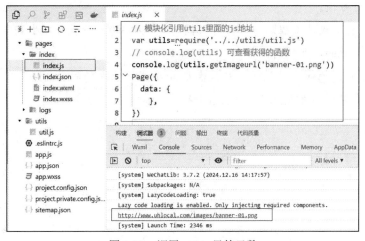

图 1-38　调用 util.js 里的函数

项目 2　小程序编程基础

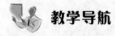 **教学导航**

学习目标

1. 掌握小程序的基本架构和执行顺序。
2. 掌握页面数据的构建方法。
3. 掌握列表渲染和条件渲染的含义与使用方法。
4. 掌握事件绑定基本方法和技巧。

素质园地

1. 课前进行主题辩论"我是如何学习小程序开发的？"，培养学生自我学习的习惯、爱好和能力。
2. 使用 MindManager 等软件，对商城小程序项目的功能、页面、导航等设计进行头脑风暴，培养学生具备团队协助、团队互助等意识。

职业素养

1. 扫码观看视频"软件工程师——良好的习惯"，分析软件开发所需的良好习惯。

软件工程师——良好的习惯

2. 通过观看"软件工程师——良好习惯"，用榜样的力量教育学生勤学知识、苦练技能，树立爱岗敬业的职业精神。
3. 培养职业道德和科学精神，在提高认知和技能水平的同时，培育"团结拼搏、友爱协作、实事求是、尊重他人"的优良品德。

知识要点

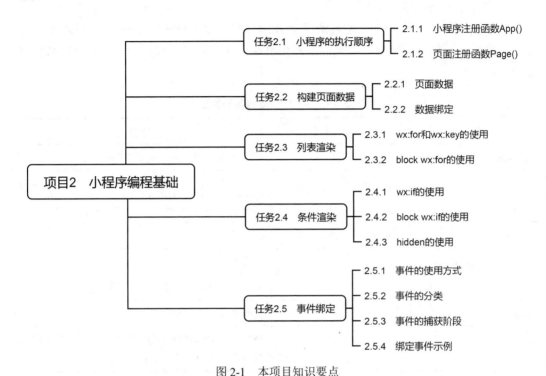

图 2-1　本项目知识要点

在学习了小程序技术发展历史以及小程序开发账号注册之后,读者可以开始了解小程序编程基础。

任务 2.1　小程序的执行顺序

小程序的执行顺序

逻辑层将数据进行处理后发送给视图层,同时接收视图层的事件反馈。开发者写的所有代码最终将会打包成一份 JavaScript 文件,并在小程序启动的时候运行,直到小程序销毁。这一行为类似于 ServiceWorker,所以逻辑层也称之为 App Service。

想一想：小程序包含哪些项目文件,每一个页面包含哪些文件,把它写在横线中。

_____

_____

_____

_____

2.1.1 小程序注册函数 App()

在 app.js 文件中，定义一个 App() 函数，用来注册一个小程序。App() 函数必须在 app.js 文件中被调用，且只能被调用一次，不然会出现无法预料的后果。App() 函数包含的属性见表 2-1。

表 2-1 App() 函数包含的属性

属性	类型	是否必填	说明
onLaunch	Function	否	生命周期回调——监听小程序初始化
onShow	Function	否	生命周期回调——监听小程序启动或切换至前台
onHide	Function	否	生命周期回调——监听小程序切换至后台
onError	Function	否	错误监听函数
onPageNotFound	Function	否	页面不存在监听函数
onUnhandledRejection	Function	否	未处理的 Promise 拒绝事件监听函数
onThemeChange	Function	否	监听系统主题变化
其他	Any	否	开发者可以添加任意的函数或数据变量到 Object 参数中，用 this 可以访问

【示例 2-1】举例说明 App() 函数中生命周期函数的使用。

```
App({
    onLaunch (options) {
        console.log("启动 onLaunch，小程序初始化完成时触发，全局只触发一次。")
    },
    onShow (options) {
        console.log("启动 onShow，小程序初始化完成时触发，全局只触发一次。")
    },
    onHide () {
        console.log("启动 onHide，小程序从前台进入后台时触发。")
    },
    onError (msg) {
        console.log("小程序发生脚本错误或 API 调用报错时触发。"+msg)
    },
    globalData: 'I am global data'
})
```

App() 函数执行结果如图 2-2 所示。

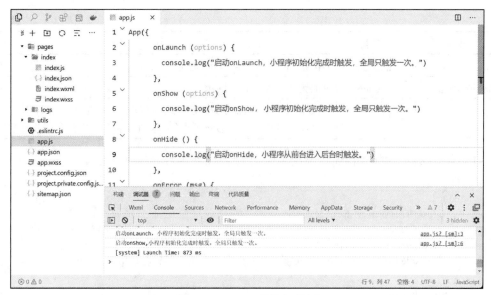

图 2-2　App()函数执行结果

2.1.2 页面注册函数 Page()

Page(Object object)函数用来注册小程序中的一个页面，接收一个 Object 类型参数，其指定页面的初始数据、生命周期回调、事件处理函数等，见表 2-2。

表 2-2　Page()函数包含的属性

属性	类型	说明
data	Object	页面的初始数据
options	Object	页面的组件选项，同 Component 构造器中的 options，需要基础库版本 2.10.1
behaviors	String Array	类似于 mixins 和 traits 的组件间代码复用机制，需要基础库版本 2.9.2
onLoad	Function	生命周期回调——监听页面加载
onShow	Function	生命周期回调——监听页面显示
onReady	Function	生命周期回调——监听页面初次渲染完成
onHide	Function	生命周期回调——监听页面隐藏
onUnload	Function	生命周期回调——监听页面卸载
onPullDownRefresh	Function	监听用户下拉动作
onReachBottom	Function	页面上拉触底事件的处理函数
onShareAppMessage	Function	用户点击右上角转发
onShareTimeline	Function	用户点击右上角转发到朋友圈
onAddToFavorites	Function	用户点击右上角收藏
onPageScroll	Function	页面滚动触发事件的处理函数
onResize	Function	页面尺寸改变时触发，详见响应显示区域变化

续表

属性	类型	说明
onTabItemTap	Function	当前是 tab 页时，点击 tab 时触发
onSaveExitState	Function	页面销毁前保留状态回调
其他	Any	开发者可以添加任意的函数或数据到 Object 参数中，在页面的函数中用 this 可以访问。这部分属性会在页面实例创建时进行一次深复制

【示例 2-2】举例说明 Page()函数中各个生命周期函数的执行顺序。

```
Page({
    data:{
        text:"This is page data."
    },
    onLoad:function(options){
        console.log('启动 onLoad，页面加载时触发，一个页面只会调用一次。')
    },
    onShow:function(){
        console.log('启动 onShow，页面显示/切入前台时触发。')
    },
    onReady:function(){
        console.log('启动 onReady，页面初次渲染完成时触发。')
    },
    onHide:function(){
        console.log('启动 onHide，页面从前台变为后台时执行。')
    },
    onUnload:function(){
        console.log('启动 onUnload，页面销毁时执行。')
    }
})
```

Page()函数执行结果如图 2-3 所示。

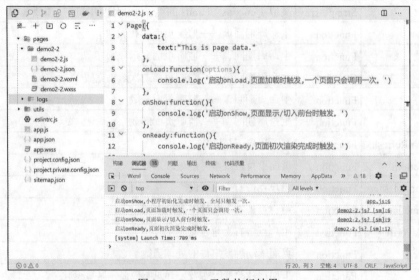

图 2-3　Page()函数执行结果

任务 2.2　构建页面数据

2.2.1　页面数据

构建页面数据

【示例 2-3】定义页面数据，并读取数据。

1. 定义 data 数据

在页面 JS 文件 Page()函数中第一项为 data 属性，在 data 中定义本页面逻辑处理需要用到的数据，其中很大一部分数据将用 WXML 文件的数据渲染。因为小程序 JS 文件是基于 JavaScript 编写的，所以在 JS 文件中可以定义字符串、数字、布尔值、对象和数组等类型的数据。

```
Page({
    data: {
        text: "This is page data.",
        sliderOffset: 0,
        state:{
            gender:[],
            gender_index: 0,
            model:[],
            model_index: 0,
            terminalStatus:'',
        }
    },
})
```

2. 获取 data 数据

获取 data 中的 text 值和 gender_index 值需要使用 this。

```
onLoad:function(options){
    var gender_index=this.data.state.gender_index
    console.log(gender_index)
    var text=this.data.text
    console.log(text)
}
```

练一练

data 定义如下，如何读取 gender 里的数据？

```
data: {
    text: "This is page data.",
    sliderOffset: 0,
    state:{
        gender:['男','女'],
    }
},
```

3. 设置 data 数据

setData()函数用于将数据从逻辑层发送到视图层（异步），同时改变对应的 this.data 的值（同步）。setData()函数接收一个对象，其参数见表 2-3，其过程大致可以分成以下几个阶段。

（1）逻辑层虚拟 DOM 树的遍历和更新，触发组件生命周期和 observer 等。
（2）将 data 从逻辑层传输到视图层。
（3）视图层虚拟 DOM 树的更新、真实 DOM 元素的更新并触发页面渲染更新。
（4）Object 以 key: value 的形式表示，将 this.data 中 key 对应的值改变成 value。

表 2-3 setData()参数

函数	类型	必填	描述
data	Object	是	这次要改变的数据
callback	Function	否	setData()引起的界面更新渲染完毕后的回调函数

【示例 2-4】使用 setData()函数设置逻辑层数据。

```
Page({
    data: {代码略}
    },
    onLoad: function (options) {
        this.setData({
        sliderOffset:5
        })
})
```

setData()示例代码执行效果如图 2-4 所示。

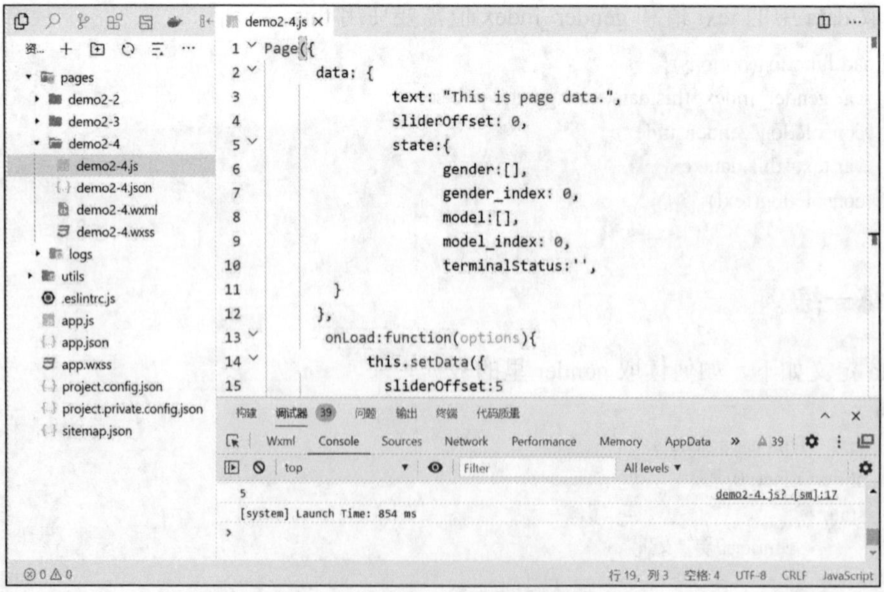

图 2-4 setData()示例代码执行效果

2.2.2 数据绑定

1. 内容绑定

WXML 中的动态数据均来自对应 Page()函数的 data。数据绑定使用 Mustache 语法，即{{ }}语法将变量包起来。

【示例 2-5】举例说明内容绑定。

在 index.js 文件里定义数据，示例代码如下。

```
Page({
    data: {
        message: 'Hello MINA!'
    }
})
```

在 index.wxml 文件进行数据绑定，示例代码如下。

```
<view> {{ message }} </view>
```

内容绑定如图 2-5 所示。

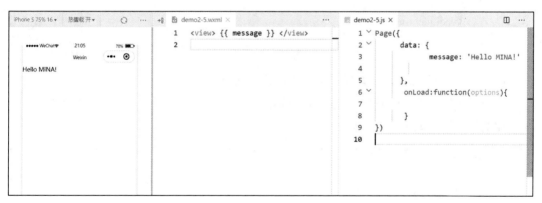

图 2-5　内容绑定

2. 组件属性

【示例 2-6】举例说明使用数据绑定组件的属性值。

在 index.js 里定义数据，示例代码如下。

```
Page({
    data: {
        id: 0
    }
})
```

在 index.wxml 文件进行数据绑定，示例代码如下。

```
<view id="item-{{id}}"> </view>
```

组件属性绑定如图 2-6 所示。

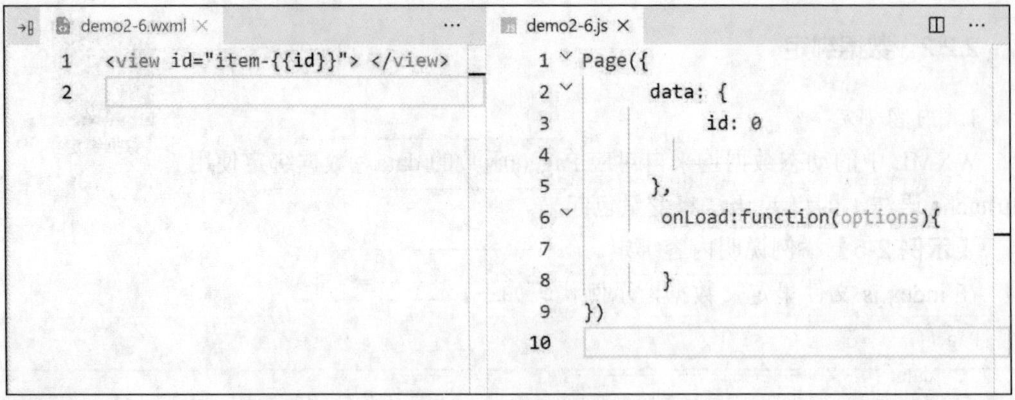

图 2-6 组件属性绑定

3. 控制属性

【示例 2-7】举例说明数据绑定组件的控制属性。

在 index.js 里定义数据，示例代码如下。

```
Page({
    data: {
        condition: true
    }
})
```

在 index.wxml 文件进行数据绑定，示例代码如下。

`<view wx:if="{{condition}}">hello,world</view>`

控制属性绑定如图 2-7 所示。

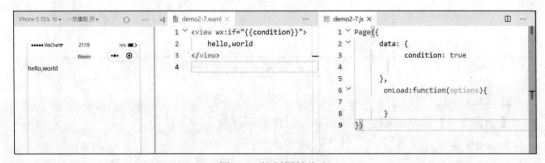

图 2-7 控制属性绑定

4. 关键字

【示例 2-8】举例说明数据绑定关键字的用法。

true：Boolean 类型的 true，代表真值；false：Boolean 类型的 false，代表假值。

`<checkbox checked="{{false}}">请选择</checkbox>`

注意：不要直接写 checked="false"，其计算结果是一个字符串，转成 Boolean 类型后代表真值。

关键字的用法如图 2-8 所示。

图 2-8　关键字的用法

任务 2.3　列 表 渲 染

列表渲染

在小程序中，列表渲染是一种常见的需求，它可以将一组数据以列表的形式呈现给用户。列表渲染在小程序中的实现主要依赖 wx:for 指令，它允许遍历数组或对象，并对每个元素进行操作。

2.3.1　wx:for 和 wx:key 的使用

在组件上使用 wx:for 控制属性绑定一个数组，即可使用数组中各项的数据重复渲染该组件。当前项的数组元素下标变量名默认为 index，数组当前项的变量名默认为 item。

【示例 2-9】举例说明列表渲染的使用方法。

在 index.js 里定义数据，示例代码如下。

```
Page({
    data: {
        array: [
                {message: 'foo'},
                {message: 'bar' }
        ]
    }
})
```

在 index.wxml 文件实现列表渲染，示例代码如下。

```
<view wx:for="{{array}}">
    {{index}}: {{item.message}}
</view>
```

wx:for 使用示例如图 2-9 所示。

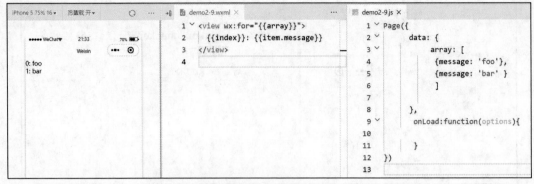

图 2-9 wx:for 使用示例 1

当 wx:for 的值为字符串时，字符串会被解析为字符串数组。

```
<view wx:for="array">
    {{item}}
</view>
```

等同于

```
<view wx:for="{{['a','r','r','a','y']}}">
    {{item}}
</v iew>
```

字符串解析为数组如图 2-10 所示。

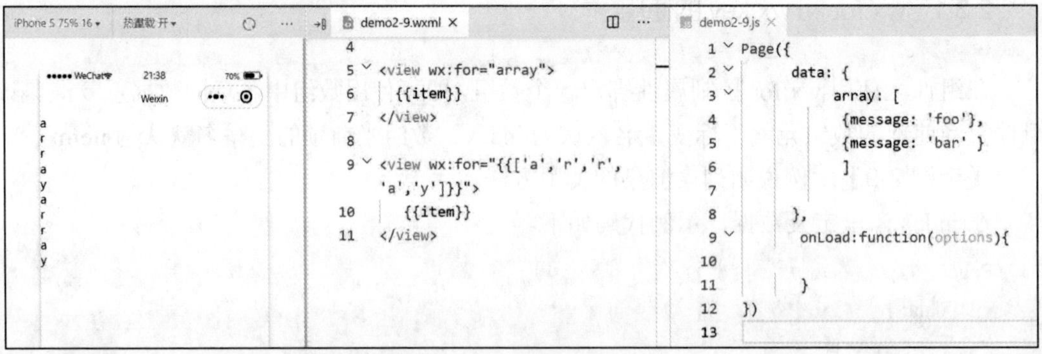

图 2-10 字符串解析为数组

注意：花括号和引号之间如果有空格，wx:for 的值将最终被解析为字符串。

```
<view wx:for="{{[1,2,3]}} ">
    {{item}}
</view>
```

等同于

```
<view wx:for="{{[1,2,3] + ' '}}" >
    {{item}}
</view>
```

wx:for 的使用如图 2-11 所示。

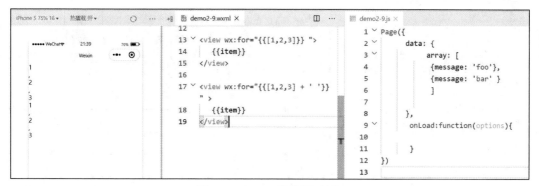

图 2-11　wx:for 的使用示例 2

使用 wx:for-index 可以指定数组当前下标的变量名，使用 wx:for-item 可以指定数组当前元素的变量名。

```
<view wx:for="{{array}}" wx:for-index="idx" wx:for-item="itemName">
    {{idx}}: {{itemName.message}}
</view>
```

如果列表中项目的位置会动态改变或有新的项目添加到列表中，并且希望列表中的项目保持自己的特征和状态（如 input 中的输入内容，switch 的选中状态），则需要使用 wx:key 来指定列表中项目的唯一标识符。

wx:key 的值以两种形式提供字符串，代表在 for 循环的 array 中 item 的某个 property，该 property 的值需要是列表中唯一的字符串或数字，且不能动态改变。

保留关键字*this 代表在 for 循环中的 item 本身，这种表示需要 item 本身是一个唯一的字符串或数字。

当数据改变触发渲染层重新渲染的时候，系统会校正带有 key 的组件，框架会确保它们被重新排序，而不是重新创建，以确保使组件保持自身的状态，并且提高列表渲染时的效率。

如不提供 wx:key，则系统会报一个警告信息（warning），如果明确知道该列表是静态的，或者不必关注其顺序，可以选择忽略警告信息。

2.3.2　block wx:for 的使用

【示例 2-10】举例说明 block wx:for 的使用方法。

将 wx:for 用在<block/>标签上，以渲染一个包含多个节点的结构块。例如：

```
<block wx:for="{{[1, 2, 3]}}" wx:key="*this">
    <view> {{index}}: {{item}} </view>
</block>
```

block wx:for 的使用如图 2-12 所示。

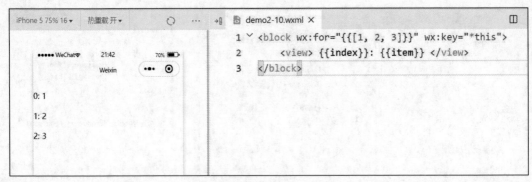

图 2-12 block wx:for 的使用

（1）在 JS 页面的 data 里定义以下数据，使用 wx:for 语句读取到 WXML 页面，列表渲染效果如图 2-13 所示。

```
data: {
    gender: [
        {name:'李小明',age:25,sex:"男"},
        {name:'张小天',age:24,sex:"女"},
        {name:'黄昊昊',age:23,sex:"男"}
    ]
}
```

图 2-13 列表渲染效果

（2）使用嵌套 wx:for 语句，实现九九乘法表，效果如图 2-14 所示。

图 2-14 九九乘法表

任务 2.4 条件渲染

条件渲染

在小程序中，条件渲染是一种非常实用的技术，它允许人们根据条件来决定是否显示某个组件或页面。通过条件渲染，开发者可以动态地呈现用户界面，根据用户的输入、数据或其他条件来做出相应调整。

2.4.1 wx:if 的使用

【示例 2-11】举例说明 wx:if 的使用方法。

在框架中，使用 wx:if=""来判断是否需要渲染该代码块。

```
<view wx:if="{{condition}}"> True </view>
```

也可以用 wx:elif 和 wx:else 来添加一个 else 块。

```
<view wx:if="{{length> 5}}"> 1 </view>
<view wx:elif="{{length > 2}}"> 2 </view>
<view wx:else> 3 </view>
```

wx:if 的使用如图 2-15 所示。

图 2-15　wx:if 的使用

2.4.2 block wx:if 的使用

因为 wx:if 是一个控制属性，需要将它添加到一个标签上。如果要一次性判断多个组件标签，可以使用一个<block/>标签将多个组件包装起来，并在上边使用 wx:if 控制属性。

【示例 2-12】举例说明 block wx:if 的使用方法。

```
<block wx:if="{{true}}">
    <view> view1 </view>
    <view> view2 </view>
</block>
```

<block/>并不是一个组件，它仅仅是一个包装元素，不会在页面中做任何渲染，只接收控制属性。

block wx:if 的使用如图 2-16 所示。

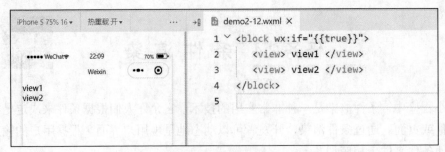

图 2-16　block wx:if 的使用

2.4.3　hidden 的使用

hidden 也可以用来控制元素的显示与隐藏，与 wx:if 不同，当 wx:if 的条件值切换时，框架有一个局部渲染的过程，因为它会确保条件块在切换时销毁或重新渲染。同时 wx:if 是惰性的，如果初始渲染条件为假，框架什么也不做，在条件第一次变成真的时候才开始局部渲染。

一般来说，wx:if 有更高的切换消耗，而 hidden 有更高的初始渲染消耗。因此，如果需要频繁切换，则用 hidden 更好；如果在运行时条件不大可能改变，则用 wx:if 较好。

【示例 2-13】举例说明 hidden 的使用方法。

```
<view hidden="{{flag}}"> flag 为 true 值时，隐藏评论</view>
```

在 JS 文件中定义 flag 的值。

```
Page({
    data: {
        flag:false
    }
})
```

hidden 的使用如图 2-17 所示。

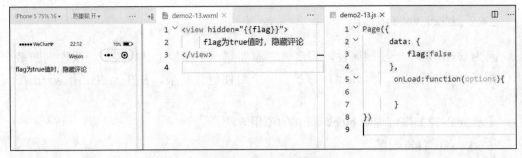

图 2-17　hidden 的使用

任务 2.5　事件绑定

事件是视图层到逻辑层的通信方式，可以将用户的行为反馈到逻辑层进行处理。事件可以绑定在组件上，当达到触发事件时，就会执行逻辑层中对应的事件处理函数。事件对象可以携带额外信息，如 id、dataset、touches。小程序中绑定事件，通过 bind 关键字来实现。

2.5.1 事件的使用方式

通过"bind+事件名称"为组件绑定事件，如 bindchange、bindtap 等，当用户点击该组件时会在该页面对应的 Page()中找到相应的事件处理函数。在大多数组件和自定义组件中，bind 后也可以紧跟一个冒号，其含义不变，如 bind:tap。

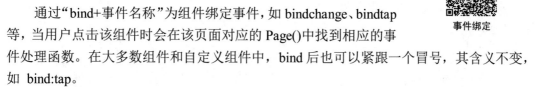

事件绑定

1. 不带参数的事件绑定

【示例 2-14】举例说明不带参数的事件绑定的使用方法。

在 WXML 文件中定义组件。

```
<input type="text" bindchange="changeinput"/>
```

在 JS 文件定义事件处理函数。

```
Page({
    data: {
        num:0
    },
    changeinput:function(e){
        console.log(e)
        this.setData({
            num:e.detail.value
        })
        console.log(this.data.num)
    }
})
```

不带参数的事件绑定使用如图 2-18 所示。

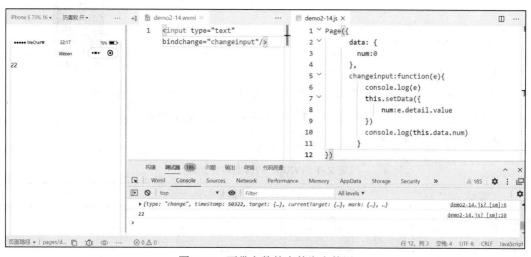

图 2-18　不带参数的事件绑定使用

2. 带参数的事件绑定

【示例 2-15】举例说明带参数的事件绑定。

在 WXML 文件中定义组件。

```
<view data-hi="WeChat" data-id="01" bindtap="tapEvent" >Click me</view>
```

在 JS 文件定义事件处理函数。

```
Page({
  data: {
  },
  tapEvent:function(e){
    console.log(e)        //获取事件详情
    console.log(e.currentTarget.dataset.hi)      //获取数据绑定 data-hi 的数据
    console.log(e.currentTarget.dataset.id)
  }
})
```

带参数的函数传递事件绑定使用如图 2-19 所示。

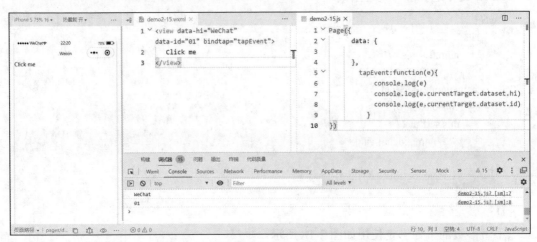

图 2-19 带参数的函数传递事件绑定使用

2.5.2 事件的分类

事件的分类

事件分为冒泡事件和非冒泡事件。

（1）冒泡事件：当一个组件上的事件被触发后，该事件会向父节点传递。

（2）非冒泡事件：当一个组件上的事件被触发后，该事件不会向父节点传递。

WXML 的冒泡事件列表，见表 2-4。

表 2-4 WXML 的冒泡事件列表

类型	触发条件
touchstart	手指触摸动作开始
touchmove	手指触摸后移动
touchcancel	手指触摸动作被打断，如来电提醒、弹窗

续表

类型	触发条件
touchend	手指触摸动作结束
tap	手指触摸后马上离开
longpress	手指触摸后，超过 350ms 再离开，如果指定了事件回调函数并触发了这个事件，tap 事件将不被触发
longtap	手指触摸后，超过 350ms 再离开（推荐使用 longpress 事件代替）
transitionend	会在 WXSS transition 或 wx.createAnimation 动画结束后触发
animationstart	会在一个 WXSS animation 动画开始时触发
animationiteration	会在一个 WXSS animation 一次迭代结束时触发
animationend	会在一个 WXSS animation 动画完成时触发
touchforcechange	在支持 3DTouch 的 iPhone 设备上，重按时会触发

除 bind 外，也可以用 catch 来绑定事件。与 bind 不同，catch 会阻止事件向上冒泡。

例如在例 2-16 中，点击 inner view 会先后调用 handleTap3 和 handleTap2（因为 tap 事件会冒泡到 middle view，而 middle view 阻止了 tap 事件冒泡，不再向父节点传递），点击 middle view 会触发 handleTap2，点击 outer view 会触发 handleTap1。

【示例 2-16】举例说明冒泡事件和非冒泡事件。

在 WXML 文件中定义组件。

```
<view class="outer" bindtap="handleTap1">
    outer view
        <view class="middle" catchtap="handleTap2">
    middle view
            <view class="inner" bindtap="handleTap3">
                inner view
            </view>
        </view>
</view>
```

在 WXSS 文件中定义样式。

```
.outer{
    height: 500rpx;
    width: 100%;
    background-color: aliceblue;
}
.middle{
    height: 400rpx;
    width: 80%;
    background-color:bisque;
}
.inner{
    height: 300rpx;
```

```
    width: 60%;
    background-color:burlywood;
}
```

在 JS 文件定义事件处理函数。

```
Page({
    data: {
    },
    handleTap1:function(){
        console.log("outerview")
    },
    handleTap2: function () {
        console.log("middleview")
    },
    handleTap3: function () {
        console.log("innerview")
    },
})
```

冒泡事件和非冒泡事件如图 2-20 所示。

图 2-20　冒泡事件和非冒泡事件

修改以上案例，如何阻止冒泡事件的发生？

2.5.3　事件的捕获阶段

触摸类事件支持捕获阶段。捕获阶段位于冒泡阶段之前，且在捕获阶段中，事件到达节点的顺序与冒泡阶段恰好相反。需要在捕获阶段监听事件时，可以采用 capture-bind、capture-catch 关键字，后者将中断捕获阶段和取消冒泡阶段。

【示例 2-17】举例说明事件的捕获阶段。

（1）捕获事件以 capture-bind 开头，点击哪个事件就触发哪个事件和自己包裹的所有事件。

```
<view class="outer" capture-bind:tap="handleTap1">
    outer view
    <view class="middle" capture-bind:tap="handleTap2">
        middle view
        <view class="inner" capture-bind:tap="handleTap3">
            inner view
        </view>
    </view>
</view>
```

（2）取消冒泡、捕获事件以 capture-catch 开头，不管如何点击，都只触发最外层事件。

```
<view class="outer" capture-catch:tap="handleTap1">
    outer view
    <view class="middle" capture-catch:tap="handleTap2">
        middle view
        <view class="inner" capture-catch:tap="handleTap3">
            inner view
        </view>
    </view>
</view>
```

2.5.4 绑定事件示例

动态表格案例布局

【示例 2-18】使用事件绑定实现表格动态地增加或删除一行数据。

前面介绍了页面数据绑定、列表渲染、条件渲染以及事件绑定，接下来运用所学内容完成一个项目案例，运行结果如图 2-21 所示。使用条件渲染 wx:if 语句实现表格隔行换色功能。接下来在小程序开发者工具中新建一个项目或页面，完成项目开发过程。

图 2-21　运行结果

1. 修改页面配置文件

打开 JSON 文件，修改页面配置信息，将该页面的标题设置为"动态表格"，具体代码如下。

```
{
    "navigationBarTitleText": "动态表格"
}
```

设置页面标题效果如图 2-22 所示。

图 2-22　设置页面标题效果

2. 页面逻辑

打开 JS 文件，用于编写页面逻辑，定义 listData 数据，作为表格的初始数据，具体代码如下。

```
Page({
  data: {
    listData:[
        {"code":"1","name":"李小花 1","score":"67"},
        {"code":"2","name":"李小花 2","score":"89"},
        {"code":"3","name":"李小花 3","score":"78"},
    ],
  },
})
```

3. 页面布局

打开 WXML 文件，实现页面表格的布局。表格包括表头和单元格，表头由"编号""姓名"和"成绩"3 列组成。单元格通过 wx:if 语句判断是否为偶数行，如果为偶数行则显示类名为"bg-g"的样式，实现表格隔行换色的效果。

在表格的下方，为两个图片添加事件，绑定 tap 事件，分别实现增加、删除一行数据，事件名称为 bindtap="addround"、bindtap="miusround"，具体代码如下。

```
<view class="table">
    <view class="tr">
      <view class="th">编号</view>
      <view class="th">姓名</view>
      <view class="th ">成绩</view>
    </view>
    <view wx:for="{{listData}}" wx:key="{{code}}">
      <view class="tr bg-g" wx:if="{{index % 2 == 0}}">
        <view class="td">{{item.code}}</view>
        <view class="td">{{item.name}}</view>
        <view class="td">{{item.score}}</view>
      </view>
      <view class="tr" wx:else>
        <view class="td">{{item.code}}</view>
        <view class="td">{{item.name}}</view>
        <view class="td">{{item.score}}</view>
```

```
        </view>
      </view>
</view>
<view class="round">
        <image src="/images/add.jpg"   bindtap="addround" ></image>
        <image src="/images/minus.jpg"   bindtap="miusround" ></image>
</view>
```

4. 页面样式

打开 WXSS 文件，为表格和图片设置样式，具体代码如下。

动态表格案例样式

```
.tr { display: flex;width: 100%;justify-content: center;height: 92rpx;
      align-items: center;border: 1px solid #eee;}
.th { width: 40%;justify-content: center; background: #e60;
      color: #fff;display: flex; height: 92rpx;align-items: center;}
.td { width:40%;text-align: center;}
.bg-g{ background: #f0e9e5;}
.round{ margin: 20rpx;}
.round image{ width: 40rpx; height: 40rpx;padding: 10rpx;}
```

5. 实现绑定事件

打开 JS 文件，编写增加一行数据的事件处理函数 addround() 函数，通过 that.data.listData.length 获得当前表格的数据长度值，并进行加 1 运算。使用数学随机函数 random()获取一个随机值，运算之后得到一个两位数的成绩，具体代码如下。

动态表格案例事件绑定

```
addround:function(){
    var that=this
    var index=that.data.listData.length+1        //获得表格数据的长度值
    var score= Math.floor(Math.random()*90) + 10   //随机产生一个两位数
    //新建一条对象类型的数据，包含编号、姓名和成绩
    var obj={"code":index,"name":"李小花"+index,"score":score}
    //将新的数据写入 listData 数组
    that.data.listData.push(obj)
    that.setData({
        listData:that.data.listData
    })
},
```

打开 JS 文件，编写 miusround()函数，实现从数组 listData 中删除一行数据，使用 setData()函数将新的数据重新赋值给数组 listData，具体代码如下。

```
miusround:function(){
    var that=this
    //从数组中删除一行数据
    that.data.listData.pop()
    that.setData({
        listData:that.data.listData
    })
},
```

项目小结

本项目深入讲解了小程序的页面执行顺序和页面数据,讲解了列表渲染、条件渲染和事件绑定的语法和步骤,并通过 WXML 构建布局页,使用 WXSS 美化页面样式,完成了动态表格案例的前端页面设计,实现与小程序前端页面数据交互。

学 习 评 价

自我评价是自我意识的一种形式,是主体对自己思想、愿望、行为和个性特点的判断和评价。在"我是如何学习小程序开发的?"主题活动中,根据自己的表现,尝试从以下几个方面进行自我评价,完成表 2-5。

表 2-5 自我评价量表

评价内容	评价等级			
	非常满意	满意	一般	不满意
你觉得自己的学习积极性如何				
你觉得自己对项目化案例内容的接受能力如何				
你觉得自己对程序设计知识的运用能力如何				
在课堂学习之后,你对作业和习题态度如何				
你觉得自己课堂实际操作能力如何				
课堂上你能帮助其他同学纠正语法错误				
在小组合作上,你对小组的贡献是积极、有帮助的				

项 目 实 训

一、选择题

1. index.wxml 文件显示的信息是(　　)。

index.wxml 文件代码如下。

```
<view wx:if="{{length > 5}}"> 1 </view>
<view wx:elif="{{length > 2}}"> 2 </view>
<view wx:else> 3 </view>
```

index.js 文件代码如下:

```
Page({
    data:{ length:6 }
})
```

A. 3　　　　　　　B. 2　　　　　　　C. 1　　　　　　　D. 不显示

2．index.wxml 文件显示的信息是（　　）。

index.wxml 文件代码如下。

```
<block wx:if="{{true}}">
  <view> view1 </view>
  <view> view2 </view>
</block>
```

  A．view1　　　　　　　　　　B．view2
  C．view1 view2　　　　　　　D．无

3．App()函数的属性不包括（　　）。

  A．onHide　　　　　　　　　　B．onError
  C．onLoad　　　　　　　　　　D．onLaunch

4．Page()函数的属性不包括（　　）。

  A．onReady　　　　　　　　　B．onUnload
  C．onShow　　　　　　　　　　D．onLaunch

5．下面程序的执行结果是（　　）。

```
<block wx:for="{{[1, 2, 3]}}">
    <view> {{index}}:{{item}} </view>
</block>
```

  A．0：3　　　　B．0：0　　　　C．1：1　　　　D．0：1
    1：2　　　　　　1：1　　　　　　2：2　　　　　　1：2
    2：1　　　　　　2：2　　　　　　3：3　　　　　　2：3

二、综合实训

1．组件绑定事件，触发事件，使组件颜色和大小发生改变，并输出随机数。

步骤1：新建小程序页面，在 WXML 文件实现页面布局。

```
<view class="box"
style="background:{{color}};width: {{size}}rpx;height: {{size}}rpx;" bindtap="clickBox">
    随机数是：{{num}}
</view>
```

步骤2：在 WXSS 文件实现页面样式的设置。

```
.box{
    margin:50rpx;
    width:200rpx;
    height:200rpx;
    background: pink;
    color: black;
    display: flex;
    justify-content: center;
    align-items: center;
}
```

步骤3：在JS文件实现事件绑定clickBox()代码的编写。

```
Page({
    data: {
        num:0,
        color:"pink",
        size:300
    },
    clickBox(){
        let randomdata=parseInt(Math.random()*100)
        let r1=parseInt(Math.random()*255)
        let r2=parseInt(Math.random()*255)
        let r3=parseInt(Math.random()*255)
        let color=`rgb(${r1},${r2},${r3})`
        let size=parseInt(Math.random()*400)
        size=size<200? 200:size
        this.setData({
            num:randomdata,
            color:color,
            size:size
        })
    },
})
```

2. 实现表单效果，并在控制台上打印表单提交的信息，效果如图2-23、图2-24所示。

图2-23　表单效果

图 2-24 控制台结果

项目 3　小程序常用组件

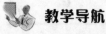　**教学导航**

学习目标

1. 掌握小程序 Flex 布局的基本原理和属性。
2. 理解小程序开放数据的使用方法。
3. 掌握小程序地理位置 API 的使用方法。
4. 掌握小程序 picker 组件的属性及使用。
5. 掌握小程序缓存的使用方法。

素质园地

1. 在学习平台上发表关于"小程序如何进行数据存储？"的话题，引导学生对小程序数据存储、数据库、缓存等问题进行思考，在创新性和人机界面等方面提出自己的看法。

2. 制作主题为"小程序发展趋势和前景"的演示文稿，分小组上台展示。培养学生的网络信息搜索能力，能够在网上搜索小程序发展趋势、小程序新知识、新技术。

职业素养

1. 扫码观看视频"软件工程师——软件工程师时间管理"，了解软件工程师如何进行时间管理，阅读两本时间管理相关的课外读物，分析与规划自己的时间。

软件工程师——软件工程师时间管理

2. 开展课前分组调研、课上小组讨论与小组共同探究式学习等沉浸式活动，培养时间管理的职业精神。

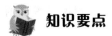
知识要点

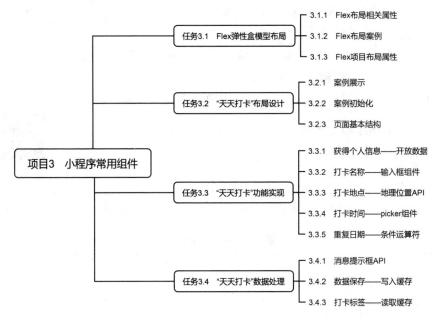

图 3-1 本项目知识要点

在学习了小程序的基础知识及页面布局之后,读者可以开始尝试创建一个小程序前端综合设计实例。本项目以"天天打卡"为课堂案例,以"校园新闻"为课后实训案例,从页面创建、页面布局到页面逻辑,讲解如何实现小程序常用的布局方式以及各类组件的使用方法。

任务 3.1 Flex 弹性盒模型布局

Flex 布局是继标准流布局、浮动布局、定位布局后的第四种布局方式。这种方式可以非常优雅地实现子元素居中或均匀分布,甚至可以随着窗口缩放自动适应。Flex 布局在浏览器中存在一定的兼容性,而在小程序中,是完全兼容 Flex 布局的,并且微信官方也推荐使用 Flex 布局。下面就详细介绍 Flex 布局。Flex 弹性盒模型布局如图 3-2 所示。

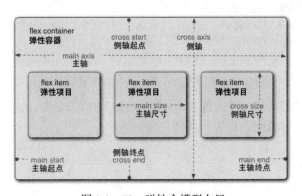

图 3-2 Flex 弹性盒模型布局

（1）弹性容器：包含着弹性项目（flex item）的父元素。通过设置 display 属性的值为 flex 或 inline-flex 来定义弹性容器。

（2）弹性项目：又称子容器，弹性容器的子元素称为弹性项目（flex item）。弹性容器直接包含的文本将被包覆成匿名弹性项目。

（3）轴：每个弹性框布局包含两个轴（axis）。弹性项目沿主轴（main axis）依次排列，垂直于主轴的轴为侧轴（cross axis）。

（4）方向：通过 flex-direction 来确定主轴和侧轴的方向。

3.1.1 Flex 布局相关属性

Flex 布局相关属性

1. 主轴排列

默认情况下，容器在主轴的方向是从左到右。在主轴方向上，可以通过 justify-content 属性来设置主轴排列方式。排主轴列方式有 6 种，见表 3-1。

表 3-1 主轴排列方式

属性值	说明
flex-start	默认方式，项目靠近父容器的左侧
flex-end	项目靠近父容器的右侧
center	所有项目会挨在一起，在父容器的中间位置
space-around	项目沿主轴均匀分布，位于首尾两端的子容器到父容器的距离是子容器间距的一半
space-between	项目沿主轴均匀分布，位于首尾两端的子容器与父容器紧紧挨着
space-evenly	项目在主轴上均匀分布，首尾两端的子容器到父容器的距离跟子容器间距是一样的

【示例 3-1】举例说明 Flex 布局在主轴的属性。

通过 justify-content 属性设置容器在主轴上面的方向，读者可以自行设置主轴其他排列方式。新建名为 demo03 的项目，在 app.json 文件中编写 pages/demo3-1/demo3-1 语句，新建一个页面。打开 demo3-1.wxml 文件编写代码，在 outer 容器中包含了 3 个子容器，样式名称为 inner，具体代码如下。

```
<view class="outer">
    <view class="inner">1</view>
    <view class="inner">2</view>
    <view class="inner">3</view>
</view>
```

在 demo3-1.wxss 文件，编写名称为 outer 和 inner 的样式，将 outer 父容器通过 display:flex 语句设置为弹性盒模型布局，并设置 3 个子容器沿主轴均匀分布，位于首尾两端的子容器到父容器的距离与子容器间距相等，具体代码如下。

```
.outer{
    background: #eee;
    width: 700rpx;
```

```
        height: 200rpx;
        display: flex;
        justify-content: space-evenly;
}
.inner{
        width: 160rpx;
        height:160rpx;
        background: white;
        border: 1rpx solid black;
        box-sizing: border-box;
}
```

主轴排列运行结果如图 3-3 所示。

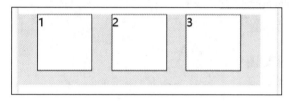

图 3-3 主轴排列运行结果

2. 侧轴排列

默认情况下，侧轴的方向是从上到下。在侧轴方向上，可以通过 align-items 属性来设置侧轴排列方式。侧轴排列方式见表 3-2。

表 3-2 侧轴排列方式

属性值	说明
flex-start	默认方式，起始端对齐
flex-end	末尾端对齐
center	中间对齐
stretch	如果项目没有设置高度，那么子容器沿交叉轴方向的尺寸拉伸至与父容器一致

【示例 3-2】举例说明 Flex 布局在侧轴上面的属性。

通过 align-items 属性设置容器在侧轴上面的方向，新建 pages/demo3-2/demo3-2 文件，在 demo3-2.wxml 文件编写代码，在 outer 容器中包含了 3 个子容器，样式名称为 inner。具体代码如下。

```
<view class="outer">
        <view class="inner">1</view>
        <view class="inner">2</view>
        <view class="inner">3</view>
</view>
```

在 demo3-2.wxss 文件，编写名称为 outer 和 inner 的样式，将 outer 父容器通过 display:flex 语句设置为弹性盒模型布局，并对 3 个子容器进行侧轴排列，align-items: center 为在侧轴上中间对齐,具体代码如下。

```
.outer{
    background: #eee;
    width: 700rpx;
    height: 400rpx;
    display: flex;
    align-items: center;
}
.inner{
    width: 160rpx;
    height:160px;
    background: white;
    border: 1rpx solid black;
    box-sizing: border-box;
}
```

侧轴排列运行结果如图 3-4 所示。

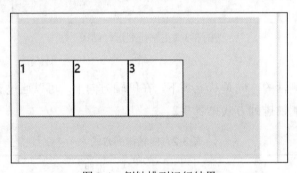

图 3-4　侧轴排列运行结果

3. 主轴和侧轴方向

主轴的默认方向是从左到右,侧轴的默认方向是从上到下,可以通过 flex-direction 属性进行修改,见表 3-3。

表 3-3　主轴和侧轴方向

属性值	说明
row	默认方式,从左到右
row-reverse	从右到左
column	从上到下
column-reverse	从下到上

4. 换行

默认情况下,元素个数如果超过一定数量,那么在一行当中就排列不下。此时 Flex 默认的处理方式是压缩元素,使其能在一行中排列。可以通过 flex-wrap 属性来改变排列的方式,可以设置的属性值见表 3-4。

表 3-4　换行属性

属性值	说明
nowrap	默认方式，不换行
wrap	换行
wrap-reverse	换行，但是第一行会在下面

5. 多行排列

在排列中，如果有多行，那么可以通过 align-content 属性来确定排列的方式，可以设置的属性值见表 3-5。

表 3-5　多行排列方式

属性值	说明
flex-start	从上往下排列
flex-end	末尾端对齐
center	中点对齐
space-between	与交叉轴两端对齐，轴线之间的间隔平均分布
space-around	每根轴线两侧的间隔都相等。所以，轴线之间的间隔比轴线与边框的间隔大一倍
stretch	默认方式，如果没有给元素设置高度，那么元素会占满整个交叉轴

3.1.2　Flex 布局案例

Flex 布局案例

【示例 3-3】设计一个小程序页面，利用 Flex 弹性盒模型布局实现九宫格效果，如图 3-5 所示。

图 3-5　Flex 布局

在此案例中需要用到 Flex 弹性盒模型布局 display、更新主轴和侧轴方向属性 flex-direction、主轴排列属性 justify-content、侧轴排列属性 align-items。

navigator 组件可以实现页面之间的链接，其属性见表 3-6。

表 3-6 navigator 组件属性

属性	类型	说明
target	String	指定在哪个目标上发生跳转，默认为当前小程序。self 表示在当前小程序，miniProgram 表示在其他小程序
url	String	当前小程序内的跳转链接
open-type	String	跳转方式，合法值：navigate、redirect、switchTab、reLaunch、navigateBack、exit

新建 pages/demo3-3/demo3-3 文件，在 demo3-3.wxml 文件实现页面布局，代码如下所示。代码在 view 组件中嵌套了 navigator 组件，在 url 属性中设置跳转页面，设置 open-type 属性为 navigate。

```
<view class="index-nav">
    <!-- 九个导航图标 -->
    <navigator class="nav-item" url="/pages/demo3-3/demo3-3" open-type="navigate">
        <image src="/images/grid-01.png"></image>
        <text>新闻</text>
    </navigator>
</view>
```

在 pages/demo3-3/demo3-3.wxss 文件，首先通过设置 display: flex;来定义父容器为弹性容器，具体代码如下。

```
.index-nav{
    display: flex;
    flex-wrap: wrap;
}
.index-nav .nav-item{
    width: 33.33%;
    height: 200rpx;
    border: 1rpx solid #ccc;
    display: flex;
    flex-direction: column;
    justify-content: center;
    align-items: center;
    box-sizing: border-box;
    font-size: 14px;
}
.index-nav image{
    width: 80rpx;
    height: 80rpx;
}
```

练一练

（1）传统布局通过 display 属性、position 属性和 float 属性如何实现盒模型垂直居中？

（2）根据主轴和侧轴的相关属性，思考如何利用 Flex 弹性布局实现盒模型垂直居中，并编写程序实现该想法。

3.1.3 Flex 项目布局属性

如果对某一项子级元素单独设置属性，就要用到 Flex 项目布局属性，见表 3-7。

Flex 项目布局属性

表 3-7　Flex 项目布局属性

属性	说明
Order	定义项目的排列顺序。数值越小，排列越靠前，默认为 0
flex-grow	定义项目的放大比例，默认为 0，即如果存在剩余空间，也不放大
flex-shrink	定义项目的缩小比例，默认为 1，即如果空间不足，该项目将缩小。负值对该属性无效。如果值为 0，表示该项目不收缩
flex-basis	定义在分配多余空间之前，项目占据的主轴空间（main size）。浏览器根据这个属性，计算主轴是否有多余空间。默认为 auto，即项目的本来大小
flex	是 flex-grow、flex-shrink 和 flex-basis 的简写，默认为 "0 1 auto"。后两个属性可选
align-self	允许单个项目有与其他项目不一样的对齐方式，可覆盖 align-items 属性。默认值为 auto，表示继承父元素的 align-items 属性，如果没有父元素，则等同于 stretch

【示例 3-4】举例说明 flex-grow 项目布局属性。

新建 pages/demo3-4/demo3-4 文件，在 demo3-4.wxml 文件实现页面布局，具体代码如下。

```
<view class="flexBox">
    <view style="flex-grow:1">1</view>
    <view style="flex-grow:0">0</view>
    <view style="flex-grow:-1">-1</view>
    <view style="flex-grow:2">2</view>
</view>
```

在 demo3-4.wxss 文件实现样式，具体代码如下。

```
.flexBox{
    display: flex;
    width: 700rpx;
    height: 100rpx;
    border:1px solid #888;
    margin-bottom: 10rpx;
}
.flexBox view{
```

```
        width: 100rpx;
        height: 40rpx;
        border:1px solid #09c;
        text-align: center;
        box-sizing:border-box;
}
```

运行结果如图 3-6 所示。

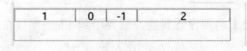

图 3-6 运行结果

当 flex-grow 的值为 0 或负数时，即使容器有剩余空间，项目也不会放大。当 flex-grow 的值>0 且容器有剩余空间时，项目会按值的比例放大。而放大原则为，项目首先会设置的一定宽度，而对于容器的剩余空间，项目会按 flex-grow 值的比例划分剩余空间，并与原有宽度相加。

假设每个项目的原有宽度为 100rpx，此时容器剩余空间为 300rpx，由第一个项目和第四个项目划分，则第一个项目分得 1/3，即 100rpx，第四个项目分得 2/3，即 200rpx，与原有宽度相加后第一个项目的宽度为 200rpx，第四个项目的宽度为 300rpx。

任务 3.2　"天天打卡"布局设计

3.2.1　案例展示

如果需要每天打卡，统计打卡数据，那么打卡小程序肯定是最佳选择，本任务配套源代码中提供了完整的"天天打卡"小程序案例代码，其效果如图 3-7 所示。

图 3-7 "天天打卡"小程序效果

从图 3-7 来看，"天天打卡"小程序的页面可以分成上下两个区域，上面区域用于实现打卡信息的填写，包括用户昵称、打卡名称、打卡地点以及打卡时间；下面区域以标签的形式列出打卡记录，方便用户查看打卡信息。

3.2.2 案例初始化

在 demo03 项目中创建一个名为 card 的空白页面，打开 app.json 文件，创建新页面的代码如下所示。

```
{
    "pages":[
        "pages/card/card",
    ]
}
```

打开 pages/card/card.json 文件，编写页面配置代码，设置具体如下。

```
{
    "backgroundTextStyle":"light",
    "navigationBarBackgroundColor": "#15a8e2",
    "navigationBarTitleText": "天天打卡",
    "navigationBarTextStyle":"white"
}
```

上述代码指定小程序页面标题为"天天打卡"，页面背景颜色为蓝色，如图 3-8 所示。

图 3-8　设置页面

打开 pages/card/card.js 文件，在 data 对象中定义初始数据，包括打卡名称、打卡地点、打卡时间等信息。

```
Page({
    data: {
        cardName: '',                //打卡名称
        address: '点击选择地点',      //打卡地点
        startDay: '2023-06-23',      //打卡起始时间
        endDay: '2023-11-12',        //打卡结束时间
        provinceName:'',             //打卡省份信息
        repeat: {                    //重复日
            'monday': 1,             //初始值为 1，表示重复
            'tuesday': 1,
            'wednesday': 1,
            'thursday': 1,
            'friday': 1,
            'saturday': 0,           //初始值为 0，表示不重复
```

```
                'sunday': 0
        },
        punchList:[                    //初始化打卡列表
            {cardName:'阅读英语',provinceName:'湖北省',endDay:'2023-03-04'},
            {cardName:'语言阅读',provinceName:'湖南省',endDay:'2023-09-21'},
            {cardName:'数学计算',provinceName:'广西省',endDay:'2023-07-12'}
        ],
    },
})
```

3.2.3 页面基本结构

页面基本结构

分析了"天天打卡"小程序并学习了 Flex 布局,接下来编写"天天打卡"小程序的基础页面结构和样式,打开 pages/card/card.wxml 文件,编写页面结构代码。具体代码如下。

```
<!-- 昵称、打卡名称 -->
<view class="card mt20"></view>
<!-- 打卡地点 -->
<view class="card mt20"></view>
 <!-- 打卡时间:时间选择器、重复日期 -->
<view class="card mt20"></view>
<!-- 新建按钮 -->
<view class="create"></view>
<!-- 打卡标签 -->
<view class="list"> </view>
```

在 pages/card/card.wxss 文件中编写样式。page 是小程序默认的容器元素,代表着页面整体,是 MINA 框架默认添加的。每个小程序页面的最外层都有 page 元素。如果想对页面整体进行样式或者属性设置,那么应该考虑 page 这个根元素。具体代码如下。

```
page{
    background-color: #f4f4f4;
    font-size: 32rpx;
    height: 100%;
}
.mt20{
    margin-top: 20rpx;
}
.card{
    padding: 0 20rpx;
    border: 1px solid #f0f0f0;
    background-color: #fff;
}
.create{
    margin-top: 30rpx;
    padding: 0 26rpx;
}
```

```
.list{
    display: flex;
    flex-wrap: wrap;
}
```

任务 3.3　"天天打卡"功能实现

3.3.1　获得个人信息——开放数据

微信小程序提供了 open-data 组件,用于展示微信开放的数据。系统可以直接获取头像和昵称,无须用户授权,open-data 组件属性见表 3-8。

获得个人信息——开放数据

表 3-8　open-data 组件属性

属性	类型	说明
type	String	开放数据类型,包括 groupName(拉取群名称)、userNickName(用户昵称)、userAvatarUrl(用户头像)、userGender(用户性别)、userCity(用户所在城市)、userProvince(用户所在省份)、userCountry(用户所在国家)、userLanguage(用户使用语言)
open-gid	String	当 type="groupName" 时生效,群 id
default-text	String	数据为空时的默认文案

小程序 wx.canIUse() API 用于判断小程序的 API、回调、参数、组件等在当前版本是否可用,返回布尔类型的值。

```
boolean wx.canIUse(string schema)
```

本任务将使用 open-data 组件和 wx.canIUse() API 完成用户昵称的显示,如图 3-9 所示。

图 3-9　个人信息显示效果

打开 pages/card/card.js 文件,在 data 中定义 canIUseOpenData 数据,数据中包括用户头像和用户昵称信息,当它们同时为真时,canIUseOpenData 的值为真。

```
data: {
    [代码略]
    canIUseOpenData: wx.canIUse('open-data.type.userAvatarUrl') && wx.canIUse('open-data.type.userNickName')
}
```

打开 pages/card/card.wxml 文件，编写页面结构代码，wx:if 条件渲染用在<block/>标签上，以渲染一个结构块。当 canIUseOpenData 值为真时，显示<block/>标签；反之，则不显示。

```
<!-- 昵称、打卡名称 -->
<view class="card mt20">
    <block wx:if="{{canIUseOpenData}}">
        <view class="card-item b-line">
            <text>我的昵称</text>
            <input type="nickname" class="weui-input" placeholder="请输入昵称"/>
        </view>
    </block>
</view>
```

打开 pages/card/card.wxss 文件，编写页面样式代码，justify-content: space-between;语句实现容器项目沿主轴均匀分布，位于首尾两端的子容器与父容器紧紧挨着。具体代码如下。

```
.card-item{
    display: flex;
    justify-content: space-between;
    align-items: center;
    height: 90rpx;
    padding: 0 20rpx;
}
.card-item input{
    text-align: end;
}
.b-line{
    border-bottom: 1rpx solid #eee;
}
```

练一练

请读者自行编写程序，完成用户头像的显示，如图3-10所示。

图 3-10　增加用户头像效果

打卡名称——输入框组件

3.3.2 打卡名称——输入框组件

小程序中的部分组件是由客户端创建的原生组件，其中包含 input 输入框组件。input 中的字体是系统字体，所以无法设置 font-family。在任务中，为 input 组件绑定了 bindinput 事件，该事件在键盘输入时触发，事件处理函数可以直接返回一个字符串，该字符串将替换输入框的内容。

使用 input 组件完成打卡名称的输入，并获取输入框中的值，效果如图 3-11 所示。

图 3-11　打卡名称输入效果

打开 pages/card/card.wxml 文件，完成页面布局代码的编写。具体代码如下。

```
<!-- 昵称、打卡名称 -->
<view class="card mt20">
 [代码略]
  <!-- 任务名称 -->
    <view class="card-item">
      <text>打卡名称</text>
      <input bindinput="bindKeyInput" class="in_value" maxlength="100"
        placeholder="请输入打卡名称" />
      <image class="arrow-r" src="/images/arrow-right.png"></image>
    </view>
</view>
```

打开 pages/card/card.wxss 文件，完成页面样式代码的编写。具体代码如下。

```
.arrow-r{
    width: 9rpx;
    height: 17rpx;
    margin-left: 10rpx;
}
.in_value{
    text-align: right;
    width: 510rpx;
    overflow: hidden;
    height: 44rpx;
}
```

打开 pages/card/card.js 文件，实现 bindKeyInput 事件，获取 e.detail.value 的值，通过 setData()函数将 e.detail.value 值赋给 cardName。具体代码如下。

```
//设置任务名称
bindKeyInput: function (e) {
    this.setData({"cardName" : e.detail.value });
},
```

3.3.3　打卡地点——地理位置 API

在小程序中，经常需要使用到地理位置功能，可以通过 API 获取当前位置。小程序提供了 wx.chooseLocation (Object object)

打卡地点——地理位置 API

API 来获取地理位置，可直接调用微信的 API，返回一个 JSON 类型数据，数据中包含各种属性，其中包括最需要用到的经度（longitude）和纬度（latitude）。获取地理位置效果如图 3-12 所示。

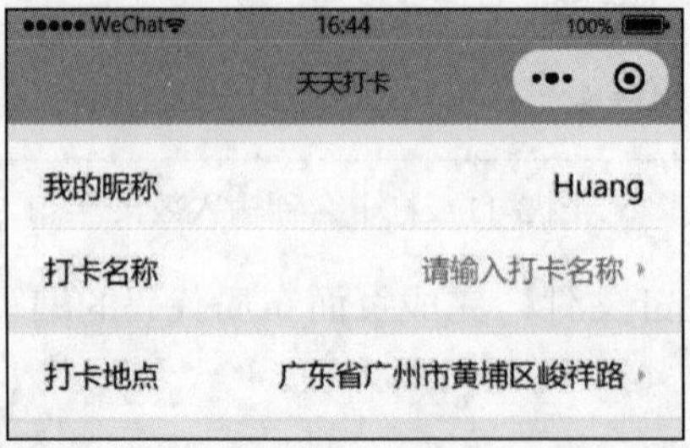

图 3-12　地理位置效果图

在使用 wx.chooseLocation() API 之前，需要在 app.json 文件中进行声明，否则将无法正常使用该。打开 app.json 文件，编写如下代码。

```
{
    "window": { [代码略] },
    "requiredPrivateInfos": [
        "getLocation",
        "chooseLocation"
    ]
}
```

打开 pages/card/card.wxml 文件，设置页面布局，编写如下代码。

```
<!-- 打卡地点 -->
<view class="card mt20">
    <view class="card-item" bindtap="chooseLocation">
        <text>打卡地点</text>
        <text class="in_value">{{address}}</text>
        <image class="arrow-r" src="/images/arrow-right.png"></image>
    </view>
</view>
```

打开 pages/card/card.js 文件，实现 chooseLocation 事件。wx.chooseLocation()返回 JSON 类型的数据，如图 3-13 所示。

图 3-13　API 运行结果

返回数据中，address 字段获取的是完整地址，可以使用正则表达式从该地址得到省份信息。match()方法可以从字符串中检索指定的值，或者是匹配一个或多个正则表达式。其返回一个存放匹配结果的数组，数组内容依赖正则表达式中是否具有全局标识 g，如果具有全局标识 g，match()方法就会进行全局检索，找到所有匹配的字符串，如果没有找到匹配的文本就返回 null。具体代码如下。

```
// 设置任务地点
chooseLocation: function () {
    var that = this;
    wx.chooseLocation({
      success: function(res){
        var reg = /.+?(省|市|自治区|自治州|县|区)/g;
        let myLocation = res.address.match(reg);
        let provinceName = '';
        if (myLocation != undefined && myLocation != null) {
          provinceName = myLocation[0];
        }
        that.setData({
          'address': res.address,
          'provinceName': provinceName })
      },
    })
},
```

3.3.4　打卡时间——picker 组件

picker 组件是指从底部弹起的滚动选择器。官方文档提供了 5 种类型的 picker 组件，如普通选择器、多列选择器、时间选择器、日期选择器和省市区选择器，可以用 mode 属性区分。picker 组件属性见表 3-9。

打卡时间——picker 组件

表 3-9　picker 组件属性

属性	类型	说明
header-text	String	选择器的标题，仅 Android 可用
mode	String	选择器类型，包括 selector（普通选择器）、multiSelector（多列选择器）、time（时间选择器）、date（日期选择器）、region（省市区选择器）
disabled	Boolean	是否禁用
bindcancel	Eventhandle	取消选择时触发

将 mode 设置为 time，即将选择器设置为时间选择器。picker 为用户提供了多个选择，但有时为了便捷地构造选择器内容，picker 可能会超出服务的实际范围。于是在一些选择器中，开发者可以用一些属性来限制用户的选择，将其锁定到实际范围内。比如在时间选择器中，start 属性表示一天内有效时间范围的开始，而 end 属性表示一天内有效时间范围

内的结束。例如，如果写一个预约早上的系统，则可以用 end="12:00"来限定结束时间。

时间选择器中，bindchange 代表当用户选择了不同选项时，会触发相应的函数。可以使用 bindchange 修改 JS 文件里面对应的值。时间选择器属性见表 3-10。

表 3-10 时间选择器属性

属性	类型	说明
value	String	表示选中的时间，格式为"hh:mm"
start	String	表示有效时间范围的开始，字符串格式为"hh:mm"
end	String	表示有效时间范围的结束，字符串格式为"hh:mm"
bindchange	Eventhandle	value 改变时触发 change 事件，event.detail = {value}

使用时间选择器完成打卡时间设置。打卡时间包括起始和结束时间，效果如图 3-14 所示。

图 3-14 picker 组件效果

打开 pages/card/card.wxml 文件，设置页面布局，具体代码如下。

```
<!-- 打卡时间 -->
<view class="card mt20">
    <!-- 起始时间 -->
    <view class="card-item b-line">
        <view class="start">
            <text>开始于</text>
            <picker mode="date" value="{{startDay}}" start="{{startDay}}"
            bindchange="startDateChange">
                <view class="date">{{startDay}}
                    <image src="/images/arrow-down.png"></image>
                </view>
            </picker>
        </view>
```

```xml
            <view class="pipe"></view>
            <!-- 结束时间 -->
            <view class="end">
                <text>结束于</text>
                <picker mode="date" value="{{endDay}}" start="{{endDay}}"
                    bindchange="endDateChange">
                    <view class="date">{{endDay}}
                        <image src="/images/arrow-down.png"></image>
                    </view>
                </picker>
            </view>
        </view>
</view>
```

打开 pages/card/card.wxss 文件,设置页面样式,具体代码如下。

```css
.start, .end{
    display: flex;
    flex-direction: row;
    align-items: center;
}
.pipe{
    height: 48rpx;
    border-left: 1px solid #f0f0f0;
}
.date{
    display: flex;
    flex-direction: row;
    align-items: center;
    padding-left: 10rpx;
    color: #15a8e2;
}
.date image{
    width: 17rpx;
    height: 9rpx;
    margin-left: 10rpx;
}
```

打开 pages/card/card.js 文件,实现 startDateChange()和 endDateChange()事件处理函数,具体代码如下。

```js
// 设置开始日期
startDateChange: function (e) {
    this.setData({ 'startDay': e.detail.value })
},
// 设置结束日期
endDateChange: function (e) {
    this.setData({ 'endDay': e.detail.value })
},
```

3.3.5 重复日期——条件运算符

重复日期——条件运算符

在小程序的开发中，有时候需要根据 Page()的 data 中的数据来决定加不加载页面中的某个元素，或者一个元素有没有某个属性，这时候就可以用条件运算符来实现。条件运算符的具体用法如下所示。

```
var a = 10, b = 20;
console.log(20 === (a >= 10 ? a + 10 : b + 10));
```

可以使用条件运算符完成重复日期的制作。当选中重复日时，该日则显示为蓝色，取消重复日时，该日则显示为灰色。重复日期效果如图 3-15 所示。

图 3-15 重复日期效果

打开 pages/card/card.wxml 文件，实现页面布局，代码如下所示。采用<text>标签显示重复日期，并为标签添加两个样式 class="repeat on"，通过条件运算符获取 on 的值，用于判断是否显示被选中样式。

```
<!-- 打卡时间 -->
<view class="card mt20">
    [略]
    <!-- 重复日 -->
    <view class="card-item">
        <view class="key"> <text>重复日</text> </view>
        <view class="week">
        <text bindtap="changeMonday" class="repeat {{repeat.monday ? 'on' : ''}}">一</text>
        <text bindtap="changeTuesday" class="repeat {{repeat.tuesday ? 'on' : ''}}">二</text>
        <text bindtap="changeWednesday" class="repeat {{repeat.wednesday ? 'on' : ''}}">三</text>
        <text bindtap="changeThursday" class="repeat {{repeat.thursday ? 'on' : ''}}">四</text>
        <text bindtap="changeFriday" class="repeat {{repeat.friday ? 'on' : ''}}">五</text>
        <text bindtap="changeSaturday" class="repeat {{repeat.saturday ? 'on' : ''}}">六</text>
        <text bindtap="changeSunday" class="repeat {{repeat.sunday ? 'on' : ''}}">日</text>
        </view>
    </view>
</view>
```

打开 pages/card/card.wxss 文件，实现页面样式，具体代码如下。

```
.week{
    display: flex;
    justify-content:space-around;
    align-items: center;
}
.week .repeat{
```

```
        width: 48rpx;
        height: 48rpx;
        border-radius: 50%;
        background-color: #b2b2b2;
        text-align: center;
        color: #fff;
        margin: 0 15rpx;
    }
    .week .on{
        background-color: #15a8e2;
    }
```

打开 pages/card/card.js 文件,实现 changeMonday()事件处理函数,通过条件运算符修改 state 的状态值。具体代码如下。

```
// 设置重复日
changeMonday: function (e) {
    var state = this.data.repeat.monday;
    this.setData({
        'repeat.monday': (state == 1 ? 0 : 1)
    });
},
```

因篇幅问题,请读者参考 changeMonday()函数的定义方法,完成其他重复日期事件处理函数。

任务 3.4 "天天打卡"数据处理

3.4.1 消息提示框 API

消息提示框 API

小程序提供 wx.showToast(Object object),用于显示消息提示框。其包含的几种属性,见表 3-11。

表 3-11 消息提示框属性

属性	类型	说明
title	String	提示的内容
icon	String	图标,success 显示成功图标,默认值;error 显示失败图标;loading 显示加载图标;none 不显示图标
image	String	自定义图标的本地路径,image 的优先级高于 icon
duration	Number	提示的延迟时间,默认值为 1500
mask	Boolean	是否显示透明蒙层,防止触摸穿透
success	Function	接口调用成功的回调函数
fail	Function	接口调用失败的回调函数
complete	Function	接口调用结束的回调函数(调用成功、失败都会执行)

本任务通过为"新建"按钮绑定 tap 事件，实现数据的获取与显示，如图 3-16 所示。

图 3-16　按钮绑定事件

打开 pages/card/card.wxml 文件，实现页面布局，具体代码如下。

```html
<!-- 新建按钮 -->
<view class="create">
    <button class="btn" bindtap="bindSubmit">新建</button>
</view>
```

打开 pages/card/card.wxss 文件，实现页面样式，具体代码如下。

```css
.create{
    margin-top: 30rpx;
    padding: 0 26rpx;
}
.create .btn{
    height: 100rpx;
    line-height: 70rpx;
    background-color: #15a8e2;
    color: #fff;
}
```

打开 pages/card/card.js 文件，对打卡名称、省份信息及结束时间进行判断，如果 3 个数据都不为空，则将 3 个数据组成对象类型的数据，写入数组；否则，使用 wx.showToast() API 显示"输入信息不完整"，具体代码如下。

```javascript
bindSubmit:function(){
    var that=this
    var cardName=that.data.cardName
    var provinceName=that.data.provinceName
    var endDay=that.data.endDay
    if(cardName !="" && provinceName !="" && endDay !=""){
        var obj={cardName:cardName,provinceName:provinceName,endDay:endDay}
        that.data.punchList.push(obj)
        console.log(obj)
        that.setData({
            punchList:that.data.punchList
        })
    }else{
        wx.showToast({
            title:'输入信息不完整',
            icon: 'error',
        })
    }
},
```

3.4.2 数据保存——写入缓存

数据保存——写入缓存

本地数据是存储在当前设备上的数据。本地数据缓存有非常多的用途，可以存储用户在小程序上产生的操作，以便用户重新打开小程序时可以恢复到关闭前的状态。

小程序缓存主要包括数据缓存、文件缓存、页面缓存、缓存更新等。数据缓存，指小程序可以将数据存储在本地，以便在需要时直接读取和更新，而不需要每次都从服务器获取。小程序还可以在本地缓存一些服务端非实时的数据，以提高自身获取数据的速度，在特定的场景下可以提高页面的渲染速度，减少用户的等待时间。小程序数据缓存 API 对应的详细参数，即 wx.setStorage()/wx.setStorageSync()的详细参数见表 3-12。

表 3-12 wx.setStorage()/wx.setStorageSync()的详细参数

参数	类型	说明
key	String	必填，本地缓存中指定的 key
data	Object/string	需要存储的内容
success	Function	异步接口调用成功的回调函数
fail	Function	异步接口调用失败的回调函数
complete	Function	异步接口调用结束的回调函数（调用成功、失败都会执行）

每个小程序都可以有自己的本地缓存。通过异步方法 wx.setStorage(Object object)、同步方法 wx.setStorageSync(string key, any data)将数据存储在本地缓存中指定的 key 中，数据会覆盖掉原来该 key 对应的内容。除非用户主动删除或因存储空间原因被系统清理，否则数据都一直可用。单个 key 允许存储的最大数据长度为 1MB，所有数据存储上限为 10MB。

```
// 使用异步方法向本地缓存数据
wx.setStorage({ key: 'name', data: 'Lily'})
// 使用同步方法向本地缓存数据
wx.setStorageSync('id', '01');
```

打开 pages/card/card.js 文件，实现将打卡数据写入缓存。实现方法非常简单，只需要在前一小节 bindSubmit()事件处理函数的 if 语句里加入 wx.setStorageSync()函数即可。

```
bindSubmit:function(){
    [代码略]
    if(cardName !="" && provinceName !="" && endDay !=""){
    [代码略]
        wx.setStorageSync('punchList', this.data.punchList)
    }else{ [代码略] }
},
```

3.4.3 打卡标签——读取缓存

异步方法 wx.getStorage(Object object)、同步方法 wx.getStorageSync(string key)从本地缓存中获取指定 key 的内容,其详细参数见表 3-13。

打卡标签——读取缓存

表 3-13 wx.getStorage()/wx.getStorageSync()的详细参数

参数	类型	说明
key	String	必填,本地缓存中指定的 key
success	Function	异步接口调用成功的回调函数,回调参数格式:{data: key 对应的内容}
fail	Function	异步接口调用失败的回调函数
complete	Function	异步接口调用结束的回调函数(调用成功、失败都会执行)

分别使用异步方法和同步方法从本地缓存取出数据,获得上一小节中缓存名称为 name 的缓存信息,具体代码如下。

```
//使用异步方法从本地缓存取出数据
wx.getStorage({
    key: 'name',
    success: function(res) {
        var getuser = res.data;
        console.log("异步:从本地缓存取出数据 getuser=" + getuser)
    },
});
//使用同步方法从本地缓存取出数据
var getid = wx.getStorageSync('id');
console.log("同步:从本地缓存取出数据 id=" + getid);
```

以上程序执行结果:

```
异步:从本地缓存取出数据 getuser=Lily
同步:从本地缓存取出数据 id=01
```

异步方法 wx.removeStorage(Object object)、同步方法 wx.removeStorageSync(string key) 可从本地缓存中移除指定 key。

实现打卡数据的读取,并对页面打卡标签进行数据绑定。打开 pages/card/card.wxml 文件,实现页面布局,具体代码如下。

```
<!-- 打卡标签 -->
<view class="list">
    <view class="list-item" wx:for="{{punchList}}">
        <view class='item' >
            <view class='content'>
                <view class='txt'>{{item.cardName}}</view>
            </view>
            <view class='content'>
```

```
                <view class='txt'>{{item.provinceName}}</view>
            </view>
            <view class='bottom'>
                <view class='txt'> {{item.endDay}}</view>
            </view>
        </view>
    </view>
</view>
```

打开 pages/card/card.wxss 文件，实现页面样式，具体代码如下。

```
.list{
    display: flex;
    flex-wrap: wrap;
}
.list-item{
    width: 26%;
    padding-top: 33%;
    margin: 25rpx 3.6%;
    position: relative;
}
.item{
    width: 100%;
    height: 100%;
    border-radius: 20rpx;
    overflow: hidden;
    position: absolute;
    box-sizing: border-box;
    top: 0;
    display: flex;
    flex-direction: column;
    background: #fff;
}
.item .content,.item .bottom{
    display: flex;
    flex: 1;
    align-items:center;
    justify-content:center;
}
.item .bottom{
    height: 80rpx;
    background: #15a8e2;
}
.item .bottom .txt{
    color: #fff;
}
```

打开 pages/card/card.js 文件，在页面加载函数 onLoad()中获取名称为 punchList 的缓存信息，并判断 punchList 数组长度是否大于 0，具体代码如下。

```
onLoad(options) {
    let punchList = wx.getStorageSync('punchList')
    if (punchList.length > 0) {
        this.setData({
            punchList: punchList
        })
    }
},
```

项目小结

本项目先讲解了小程序项目、小程序应用文件和页面文件的创建步骤，进一步讲解了 app.json 配置文件中的导航栏标题、背景颜色和文字颜色的设置方法。本项目使用 Flex 弹性盒模型对"天天打卡"小程序的页面进行了布局设计，将表单组件、地理位置 API 和 picker 组件、条件运算符等知识以及具体使用方法融入项目案例，提高读者对小程序的整体认识。

学 习 评 价

在完成本项目后，请读者根据自己对项目的知识点、代码编写和执行过程的掌握情况进行客观的评价，完成表 3-14。

表 3-14 知识点掌握量表

评价内容	分值（每项 10 分）	学习反思
能熟练掌握 Flex 弹性盒模型布局的定义及使用属性		
能明确说出包含哪些 Flex 布局相关属性		
能理解 Flex 项目布局属性及使用方法		
能掌握小程序开发数据的使用方法		
能熟练使用输入框组件		
能熟练使用 picker 组件		
能理解条件运算符的概念，以及其基本语法		
能熟练使用消息提示框 API		
能理解数据缓存的含义及使用方法		

项 目 实 训

一、选择题

1. 小程序特有的尺寸单位是（　　）。

    A．rpx   B．cm   C．px   D．pt

2．（　　）不属于小程序的容器组件。

　　A．cover-view　　B．text　　　　　C．scroll-view　　D．view

3．icon 是图标组件，以下（　　）代码可以实现创建一个红色、40 像素的搜索图标。

　　A．<icon type="discover" size="40rpx" color="red"></icon>

　　B．<icon type="search" size="40" color="red"></icon>

　　C．<icon type="search" size="40rpx" color="red"></icon>

　　D．<icon type="discover" size="40" color="red"></icon>

4．（　　）不属于媒体组件。

　　A．audio　　　　　B．canvas　　　　C．video　　　　　D．image

5．（　　）不属于表单组件。

　　A．input　　　　　B．icon　　　　　C．form　　　　　D．button

6．（　　）组件可以用于播放视频。

　　A．View　　　　　B．video　　　　　C．audio　　　　　D．image

二、综合实训

新建一个 school-news 项目，利用所学的知识，实现一个小程序页面，效果如图 3-17 所示。该页面功能包括：

（1）在 utils/util.js 文件中定义一个随机函数，在 index.js 文件中引入该文件，并使用随机函数获取图片。

（2）定义一个分页函数，每 10 条数据作为一页，当上拉触底时调用分页函数实现分页数据的显示。

图 3-17　新闻页面

项目 4　商城首页模块开发

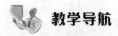
教学导航

学习目标

1. 掌握小程序的基本架构和执行顺序。
2. 理解 tabBar、swiper 和 scroll-view 这 3 种组件的使用方法。
3. 掌握利用 Flex 弹性盒模型设置首页模块样式和布局的方法。
4. 掌握 JavaScript 程序设计的基本方法和技巧。
5. 掌握小程序列表渲染的方法。

素质园地

1. 在社交媒体应用中，tabBar 通常用于切换不同的功能模块。小程序页面是如何跳转的呢？搜索关于小程序带有 tabBar 页面与不带 tabBar 页面的区别，并以表格形式展示两者的不同。

2. 轮播图是一种在网络页面中常用的图片展示方式。思考如何设计一个有效的轮播图，吸引更多用户浏览。培养学生的网络应用能力和语言表达能力。

职业素养

软件工程师——必备软技能

1. 扫码观看视频"软件工程师——必备软技能"，引导学生分析自己作为软件工程职业优势与劣势。

2. 优秀的软件工程师不仅需要扎实的技术功底，还需要具备多个方面的软技能和职业素养，以应对复杂多变的技术挑战和业务需求。引导学生说出软件工程师除扎实的技术基础、快速学习能力、解决问题的能力、良好的沟通能力外，还需要哪些技能。

3. 高质量的代码应当遵循代码风格和最佳实践，并易于维护、易于阅读和扩展，谈谈在学习过程中培养高质量代码与测试意识的方法。

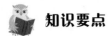 **知识要点**

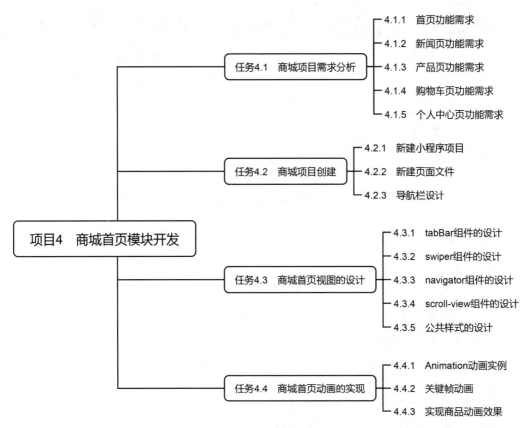

图 4-1　本项目知识要点

在学习了小程序的基础知识及页面布局之后,读者可以开始尝试创建一个小程序前端综合设计实例。本项目以"梅园"商城为主题,从页面创建到数据请求,讲解如何实现一个带有新闻、产品页面的简易小程序。

任务 4.1　商城项目需求分析

商城项目需求分析

本项目一共包含 5 个功能模块,即首页功能模块、新闻页功能模块、产品页功能模块、购物车页功能模块和个人中心页功能模块。每个功能模块都可以在 tabBar 中显示,通过 tabBar 功能,实现页面的自由切换。

 练一练

完成"梅园"商城功能需求分析,将功能模块填写到以下结构图中,如图 4-2 所示。

图 4-2 "梅园"商城功能需求分析

4.1.1 首页功能需求

首页功能需求如下。

（1）实现轮播图效果，至少需要 3 幅图片，并自动播放。

（2）实现图标导航、推荐产品滚动区域功能。

（3）实现最新产品展示功能。

4.1.2 新闻页功能需求

新闻页功能需求如下。

（1）实现新闻列表功能，并且实现下拉刷新、上拉触底功能。

（2）新闻详情页面需要显示新闻标题、图片、正文和日期。

（3）点击按钮将当前阅读的新闻添加到本地收藏中。

（4）点击按钮收藏或者取消收藏新闻。

4.1.3 产品页功能需求

产品页功能需求如下。

（1）显示产品列表，包括产品的图片、标题、价格信息。

（2）点击产品进入产品详情页，可以查看产品的详情信息。

（3）可以获取产品的评价信息，并将产品添加到购物车。

4.1.4 购物车页功能需求

购物车页功能需求如下。

（1）显示购物车产品列表。

（2）计算出购物车里全部产品的金额。

（3）删减购物车里产品的数量，并重新计算金额。

4.1.5 个人中心页功能需求

个人中心页功能需求如下。
（1）未登录状态下显示"登录"按钮，用户点击该按钮后可以显示微信头像和昵称。
（2）使用模板功能完成个人信息列表。
（3）使用 ECharts 图表进行个人信息统计。

练一练

查找微信开发者文档，你还能提出哪些功能模块？请完成表 4-1。

表 4-1　更多功能模块

页面	功能	实现方法或组件

任务 4.2　商城项目创建

在确定好项目功能之后，便可创建新的项目，并在新的项目下创建所需要的页面文件。首页效果图、首页最新产品图如图 4-3、图 4-4 所示。

图 4-3　首页效果图

图 4-4　首页最新产品图

4.2.1 新建小程序项目

新建小程序项目

将项目名称设置为 wintersweet,创建空白文件夹,选好目录后,输入 AppID,"开发模式"选择"小程序"选项,"后端服务"选择"不使用云服务"选项,语言选择"JavaScript"选项,如图 4-5 所示。

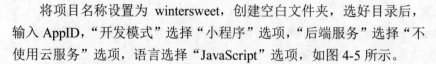

图 4-5 创建新项目

4.2.2 新建页面文件

新建页面文件

将项目所需图片素材放置在 images 文件夹下,并按图片功能分文件夹放置,例如在 tabs 文件夹中放置导航栏里的 icon 图标。新建 8 个页面,分别是 index 商城首页、news 新闻列表页,newsDetail 新闻详情页、goodsCate 产品分类页、goodsList 产品列表页、goodsDetail 产品详情页、cart 购物车页面和 profile 个人信息页。

【示例 4-1】使用小程序项目配置文件 app.json 新建 8 个页面。

打开 app.json 文件,在 pages 配置项中新建 8 个页面,新建页面的代码如下所示。

```
{
    "pages": [
        "pages/index/index",
        "pages/news/news",
        "pages/newsDetail/newsDetail",
```

```
            "pages/goodsCate/goodsCate",
            "pages/goodsList/goodsList",
            "pages/goodsDetail/goodsDetail",
            "pages/cart/cart",
            "pages/profile/profile"
        ],
        "window": {代码略}
}
```

页面目录结构如图 4-6 所示。

图 4-6　页面目录结构

4.2.3　导航栏设计

导航栏设计

小程序默认导航栏是黑底白字的效果，可以在 app.json 文件中对 window 配置项进行重新配置来定义导航栏效果。window 配置项见表 4-2。

表 4-2　window 配置项

属性	类型	默认值	描述
backgroundTextStyle	String	dark	下拉加载（loading）的样式，仅支持 dark 或 light
navigationBarBackgroundColor	HexColor	#000000	导航栏背景颜色，如#000000
navigationBarTitleText	String		导航栏标题文字内容
navigationBarTextStyle	String	white	导航栏标题颜色，仅支持 black 或 white

【示例 4-2】修改"梅园"小程序项目配置文件 app.json，自定义导航栏效果如图 4-7 所示。

图 4-7　自定义导航栏效果

打开 app.json 文件，在原有基础上，需要对 window 配置项的导航栏背景颜色 navigationBarBackgroundColor 和导航栏标题文字内容 navigationBarTitleText 的属性值进行修改，更改后的 app.json 文件代码如下。

```
{
    "pages": [代码略],
    "window": {
        "backgroundTextStyle":"light",
        "navigationBarBackgroundColor": "#e60",
        "navigationBarTitleText": "梅园",
        "navigationBarTextStyle":"white"
    }
}
```

任务 4.3　商城首页视图的设计

4.3.1　tabBar 组件的设计

tabBar 组件的设计

如果小程序是一个多 tab 应用（客户端窗口的底部或顶部有 tab 栏可以切换页面），可以通过 tabBar 配置项指定 tab 栏，以及 tab 切换时显示的对应页面。其中 list 接收一个数组，只能配置最少 2 个、最多 5 个 tab。tab 按数组的顺序排序，每个项都是一个对象，其属性见表 4-3。

表 4-3　对象属性

属性	类型	是否默认	描述
pagePath	String	是	页面路径，必须在 pages 中先定义
text	String	是	按钮文字
iconPath	String	否	图片路径，icon 大小限制为 40kb，建议尺寸为 81px×81px，不支持网络图片。当 position 为 top 时，不显示 icon
selectedIconPath	String	否	选中时的图片路径，icon 大小限制为 40kb，建议尺寸为 81px×81px，不支持网络图片。当 position 为 top 时，不显示 icon

【示例 4-3】使用 tabBar 组件，完成"梅园"小程序底部导航栏的制作，实现页面切换效果。导航栏效果如图 4-8 所示。

图 4-8　导航栏效果

在 app.json 文件中实现 tabBar 属性的设置，具体代码如下。

```json
{
    "pages": [代码略],
    "window": {代码略},
    "tabBar": {
        "list": [
            {
                "pagePath": "pages/index/index",
                "text": "首页",
                "iconPath": "images/tabs/home.png",
                "selectedIconPath": "images/tabs/home-active.png"
            },
            {
                "pagePath": "pages/news/news",
                "text": "新闻",
                "iconPath": "images/tabs/news.png",
                "selectedIconPath": "images/tabs/news-active.png"
            },
            {
                "pagePath": "pages/goodsCate/goodsCate",
                "text": "产品",
                "iconPath": "images/tabs/goods.png",
                "selectedIconPath": "images/tabs/goods-active.png"
            },
            {
                "pagePath": "pages/profile/profile",
                "text": "个人中心",
                "iconPath": "images/tabs/profile.png",
                "selectedIconPath": "images/tabs/profile-active.png"
            }
        ]
    }
}
```

练一练

（1）结合"新建页面文件"和"tabBar 组件的设计"小节，增加一个新的"购物车"切换页面，如图 4-9 所示，图片素材为 images/tabs 文件夹下面的 cart.png 和 cart-active.png 两张图片。

（2）查阅开发者文档，实现导航栏在页面顶部显示，效果如图 4-10 所示。

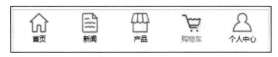

图 4-9　添加"购物车"效果　　　　　　　　图 4-10　顶部效果

4.3.2 swiper 组件的设计

swiper 组件为滑块视图容器,通常用于图片之间的切换播放,被形象地称为轮播图。

swiper 组件的设计

swiper 组件分成两个部分:一个是外部的 swiper 组件,另一个是嵌套在 swiper 内的 swiper-item 组件,且 swiper 内只能嵌套 swiper-item 组件。swiper 组件可设置的部分属性见表 4-4。

表 4-4 swiper 组件可设置的部分属性

属性	类型	默认值	是否必填	描述
indicator-dots	Boolean	false	否	是否显示面板指示点
indicator-color	Color	rgba(0, 0, 0, 0.3)	否	指示点颜色
indicator-active-color	Color	#000000	否	当前选中的指示点颜色
autoplay	Boolean	false	否	是否自动切换
current	Number	0	否	当前所在滑块的 index 值
interval	Number	5000	否	自动切换时间间隔
duration	Number	500	否	滑动动画时长
circular	Boolean	false	否	是否采用衔接滑动
vertical	Boolean	false	否	滑动方向是否为纵向
previous-margin	String	"0px"	否	前边距,可用于露出前一项的一小部分,接收 px 值和 rpx 值
next-margin	String	"0px"	否	后边距,可用于露出后一项的一小部分,接收 px 值和 rpx 值
snap-to-edge	Boolean	false	否	当 swiper-item 的个数大于或等于 2,关闭 circular 且开启 previous-margin 或 next-margin 时,可以指定这个边距是否应用到第一个元素或最后一个元素
display-multiple-items	Number	1	否	同时显示的滑块数量
easing-function	String	"default"	否	指定 swiper 切换缓动动画类型
bindchange	Eventhandle		否	current 改变时会触发 change 事件,event.detail={current,source}
bindtransition	Eventhandle		否	swiper-item 的位置发生改变时会触发 transition 事件,event.detail={dx:dx,dy:dy}
bindanimationfinish	Eventhandle		否	动画结束时会触发 animationfinish 事件,event.detail={dx:dx,dy:dy}

嵌套在 swiper 内部的 swiper-item 组件只有一个 item-id 属性,用来标识每个 swiper-item 的 id,其值类型为 String。

【示例 4-4】实现"梅园"小程序首页的轮播图功能,效果如图 4-11 所示。

图 4-11 轮播图效果

在 index.js 文件，定义 sliderList 数组内容，每个对象类型的数据中包括了图片的 id 和地址。具体代码如下。

```
Page({
    data:{
        sliderList:[
            {"id":1, "image": "/images/banners/banner-01.png"},
            {"id":2, "image": "/images/banners/banner-02.png"},
            {"id":3, "image": "/images/banners/banner-03.png"},
            {"id":4, "image": "/images/banners/banner-04.png"}
        ]
    }
})
```

在 index.wxml 文件，实现 swiper 组件，其中 image 组件的 lazy-load 属性表示懒加载，通常指的是延迟加载图片，以优化用户体验，减少初始化时的资源加载，避免渲染时卡顿。具体代码如下。

```
<view class='slider'>
    <swiper indicator-dots="true" autoplay="true" indicator-active-color="#fff"
        interval="3000" duration="1000" >
        <swiper-item wx:for="{{sliderList}}" wx:key="id">
            <image src="{{item.image}}" mode='aspectFill' lazy-load />
        </swiper-item>
    </swiper>
</view>
```

在 index.wxss 文件，定义轮播图样式。具体代码如下。

```
.slider,
.slider swiper{
    height: 350rpx;
    width: 100%;
    position: relative;
    background-color: #fff;
}
.slider image{
    width:100%;
    height:100%;
}
```

将示例 4-4 的轮播图设为圆角，如图 4-12 所示。轮播图在滑动过程中先显示直角，等滑动一整张之后才会变成圆角。想一想，如何进行设置？

图 4-12　圆角轮播图

4.3.3　navigator 组件的设计

navigator 组件的设计

页面链接组件 navigator 用于页面之间的跳转，navigator 在 Skyline 下视为文本节点，只能嵌套文本节点（如 text），不能嵌套 view、button 等普通节点，如<button><navigator>foo </navigator></button>。

navigator 页面链接组件是用在 WXML 文件中跳转的导航，它有 3 种类型：第 1 种是保留当前跳转，跳转后可以返回当前页，它与 wx.navigateTo 跳转效果一样；第 2 种是关闭当前页跳转，跳转后无法返回当前页，它与 wx.redirectTo()跳转效果一样；第 3 种是跳转至底部标签导航指定的页面，它与 wx.switchTab()跳转效果一样。navigator 页面链接组件的跳转效果都是通过 open-type 属性来控制的，具体属性见表 4-5。

表 4-5　navigator 具体属性

属性	类型	默认值	描述
target	String	self	指定在哪个目标上发生跳转，默认在当前小程序。Self 表示当前小程序；miniProgram 表示其他小程序
url	String		当前小程序内的跳转链接
open-type	String	navigate	指定跳转方式。属性值包括 navigate、redirect、switchTab、reLaunch、navigateBack、exit

【示例 4-5】利用 Flex 弹性盒模型实现"梅园"小程序图片导航功能。图片导航效果如图 4-13 所示。

图 4-13　图片导航效果

在 index.js 文件，定义 navList 数组内容，每一项对象类型数据包括了导航的 id、导航跳转的地址以及导航文字。具体代码如下。

```
Page({
    data:{
        sliderList:[代码略],
        navList:[
                    { "id":1,url: "/images/icons/icon01.png",name:"梅花动态"},
                    { "id":1, url: "/images/icons/icon02.png",name:"梅花栽培"},
                    { "id":1,url: "/images/icons/icon03.png",name:"梅花历史"},
                    { "id":1,url: "/images/icons/icon04.png",name:"梅园观景"}
        ]
    }
})
```

在 index.wxml 文件，进行图片导航功能的布局设计。具体代码如下。

```
<view class='slider'>
代码略
</view>
<view class="index-nav">
  <navigator class="nav-item" wx:for="{{navList}}" wx:key="id" url="">
      <image src="{{item.url}}"></image>
      <text>{{item.name}}</text>
  </navigator>
</view>
```

在 index.wxss 文件，定义图片导航功能样式。具体代码如下。

```
.index-nav{
    background-color: #fff;
    display: flex;
    flex-wrap: wrap;
    padding-top: 20rpx;
}
.nav-item{
    width: 25%;
    height: 200rpx;
    display: flex;
    flex-direction: column;
    align-items: center;
    font-weight: 14px;
}
```

```
.index-nav image{
    width: 60px;
    height: 60px;
}
.index-nav text{
    margin-top: 10rpx;
}
```

练一练

在小程序开发者文档中查找 navigator 组件的属性，为示例 4-5 的图片导航加上跳转链接，实现跳转到 news 页面的效果。注意 news 页面是带有 tab 功能的页面，思考 navigator 需要设置哪一个属性值呢？

```
<navigator class="nav-item" wx:for="{{navList}}" wx:key="id" url="">
  [代码略]
</navigator>
```

4.3.4 scroll-view 组件的设计

view 组件用来对页面的结构进行布局，如果要在页面中某一区域实现滚动效果，可以使用 scroll-view 组件。使用竖向滚动时，需要给 scroll-view 一个固定高度，可通过 WXSS 设置 height。scroll-view 组件的属性见表 4-6。

表 4-6 scroll-view 组件的属性

属性	类型	默认值	是否必填	描述
scroll-x	Boolean	false	否	允许横向滚动
scroll-y	Boolean	false	否	允许纵向滚动
upper-threshold	Number/String	50	否	距顶部/左边多远时，触发 scrolltoupper 事件
lower-threshold	Number/String	50	否	距底部/右边多远时，触发 scrolltolower 事件
scroll-top	Number/String		否	设置竖向滚动条位置
scroll-left	Number/String		否	设置横向滚动条位置
scroll-into-view	String		否	值应为某子元素 id（id 不能以数字开头）。设置哪个方向可滚动，则在哪个方向滚动到该元素
scroll-with-animation	Boolean	false	否	在设置滚动条位置时使用动画过渡
enable-back-to-top	Boolean	false	否	iOS 系统下点击顶部状态栏、Android 系统下双击标题栏时，滚动条返回顶部，只支持竖向
binddragstart	Eventhandle		否	滑动开始事件（同时开启 enhanced 属性后生效）detail { scrollTop, scrollLeft }
binddragging	Eventhandle		否	滑动事件（同时开启 enhanced 属性后生效）detail { scrollTop, scrollLeft }

续表

属性	类型	默认值	是否必填	描述
binddragend	Eventhandle		否	滑动结束事件（同时开启 enhanced 属性后生效）detail { scrollTop, scrollLeft, velocity }
bindscrolltoupper	Eventhandle		否	滚动到顶部/左边时触发
bindscrolltolower	Eventhandle		否	滚动到底部/右边时触发
bindscroll	Eventhandle		否	滚动时触发，event.detail = {scrollLeft, scrollTop, scrollHeight, scrollWidth, deltaX, deltaY}

【示例 4-6】利用 scroll-view 组件实现"梅园"小程序"推荐美图"功能，实现图片横向滚动。完成效果如图 4-14 所示。

图 4-14 "推荐美图"功能

在 index.js 文件，定义 recomList 数组内容。具体代码如下。

```
Page({
    data:{
        sliderList:[代码略],
        navList:[代码略],
        recomList:[
            { url: "/images/others/recommend01.jpg",title:"夜晚梅园" },
            { url: "/images/others/recommend02.jpg",title:"梅园欣赏" },
            { url: "/images/others/recommend03.jpg",title:"白色梅花" },
            { url: "/images/others/recommend04.jpg",title:"梅树剪影" },
            { url: "/images/others/recommend05.jpg",title:"梅园赏析" },
        ]
    }
})
```

在 index.wxml 文件中，进行"推荐美图"功能的布局设计，在 scroll-view 组件中加入 navigator 组件，不仅实现了左右滚动效果，还实现了图片跳转效果。具体代码如下。

```
<view class='slider'>  [轮播图][代码略] </view>
<view class="index-nav"> [图片导航][代码略] </view>
<view class="module-group">
    <view class="module-top">
        <view class="module-title">推荐美图</view>
```

```
<navigator url="" class="module-more">更多</navigator>
</view>
<scroll-view class="module-scroll-view" scroll-x>
<navigator  wx:for="{{recomList}}" wx:key="id" class="item-nav" url=" " >
    <view class="item-group">
        <view class="thumbnail-group">
            <image class="thumbnail" src="{{item.url}}"></image>
        </view>
        <view class="item-title">{{item.title}}</view>
    </view>
</navigator>
</scroll-view>
</view>
```

在 index.wxss 文件，定义"推荐美图"功能样式，在 item-nav 样式中，last-of-type 选择器匹配其父级是特定类型的最后一个子元素，将其 margin-right 设置为 0。具体代码如下。

```
.module-group{
    padding: 40rpx;
    background-color: #fff;
}
.module-group .module-top{
    font-size: 36rpx;
    display: flex;
    justify-content: space-between;
}
.module-top .module-title{
    color: #494949;
}
.module-top .module-more{
    color: #f60;
}
.module-scroll-view{
    margin-top: 40rpx;
    width: 100%;
    height: 400rpx;
    white-space: nowrap;
}
.item-nav{
    width: 200rpx;
    margin-top: 20rpx;
    margin-right: 20rpx;
    margin-bottom: 20rpx;
    display: inline-block;
}
.item-nav .item-group{
    width: 100%;
}
```

```
.item-group .thumbnail-group{
    width: 100%;
    height: 284rpx;
}
.thumbnail-group .thumbnail{
    width: 100%;
    height: 100%;
}
.item-group .item-title{
    font-size: 28rpx;
    text-align: center;
    margin-top: 10rpx;
    text-overflow: ellipsis;
    white-space: nowrap;
    overflow: hidden;
    margin-bottom: 20rpx;
}
.module-scroll-view .item-nav:last-of-type{
    margin-right: 0;
}
```

4.3.5 公共样式的设计

公共样式的设计

app.wxss 是整个小程序的公共样式表。可以在页面组件的 class 属性上直接使用 app.wxss 中声明的样式规则。如果页面有自己的样式表，则会覆盖公共样式表。app.wxss 的用法跟标准 CSS 文件相同，支持 .class、#id。

如果不想在某个页面中使用全局默认样式，那么只需要在相应页面的 WXSS 文件中重新定义这个样式即可。小程序会优先选择页面的 WXSS 文件，而不是 app.wxss 文件。

【示例 4-7】在 wintersweet 项目中，定义一个全局样式，实现功能模块之间的灰色间隔，如图 4-15 所示。

图 4-15 公共样式

打开 app.wxss 文件，定义一个公共样式，实现页面功能模块之间的间隔。在前面的示例中，页面的颜色已经设置为灰色，在本示例中只需要设置上边距为 20rpx 即可。具体代码如下。

```
.divide{
    margin-top: 20rpx;
}
```

打开 index.wxml 文件，在图片导航和推荐美图之间，实现 app.wxss 里定义的样式。具体代码如下。

```
<view class="divide"></view>
```

任务 4.4　商城首页动画的实现

4.4.1　Animation 动画实例

Animation 动画实例

在小程序中，通常可以使用 CSS 渐变和 CSS 动画创建简易的界面动画。同时，还可以使用 wx.createAnimation() API 动态创建简易的动画效果，其 API 属性见表 4-7。

表 4-7　wx.createAnimation() API 属性

属性	类型	默认值	描述
duration	Number	400	动画持续时间，单位为 ms
timingFunction	String	'linear'	动画效果，合法值：'linear'——动画从头到尾的速度是相同的；'ease'——动画以低速开始，然后加快，在结束前变慢；'ease-in'——动画以低速开始；'ease-in-out'——动画以低速开始和结束；'ease-out'——动画以低速结束；'step-start'——动画第一帧就跳至结束状态，直到结束；'step-end'——动画一直保持开始状态，最后一帧跳到结束状态
delay	Number	0	动画延迟时间，单位为 ms
transformOrigin	String	'50% 50% 0'	设置旋转元素的基点位置，即旋转轴的位置

简单来说，整个动画实现过程需要以下 3 步。

（1）创建一个动画实例 Animation。

（2）调用实例的方法来描述动画。

（3）最后通过动画实例的 export() 方法导出动画数据并传递给组件的 animation 属性。

【示例 4-8】以实例讲解 wx.createAnimation() API 实现动画的过程，动画界面效果如图 4-16 所示。

图 4-16　动画界面效果

新建一个名为 Demo04 的小程序项目，在项目下新建一个 images 文件夹，在其中放置一张图片。打开 index.wxml 文件，页面上放置一张图片和一个按钮。通过按钮控制图片的旋转动画。具体代码如下。

```
<view class="anim">
    <image src="/images/goods1.jpg" animation="{{animated}}"></image>
</view>
<view class="anim-btns">
    <button bindtap="rotate">旋转</button>
</view>
```

打开 index.wxss 文件，实现页面基本样式。具体代码如下。

```
.anim{
    width: 300rpx;
    height: 300rpx;
    margin: 40rpx auto;
}
.anim image{
    width: 300rpx;
    height: 300rpx;
}
```

打开 index.js 文件，在页面初次渲染完成时触发的 onReady()函数中使用 wx.createAnimation()函数创建一个动画实例，设置持续时间 duration 和动画效果 timingFunction 的属性值。在按钮绑定事件函数 rotate()中使用动画实例，并进行 rotate()函数动画的设置，最后通过动画实例的 export()方法导出动画数据并传递给组件的 animation 属性。具体代码如下。

```
Page({
    onReady: function () {
        this.ani=wx.createAnimation({
            duration: 1000,
            timingFunction: 'ease'
        })
    },
    rotate: function () {
        this.ani.rotate(-360).step()
        this.setData({
            animated:this.ani.export()
        })
    }
})
```

4.4.2 关键帧动画

关键帧动画

小程序基础库 2.9.0 开始支持一种更友好的动画创建方式，用于代替旧的 wx.createAnimation() API，它具有更好的性能和更可控的接口。在页面或自定义组件中，当需要实现关键帧动画时，可以使用 this.animate() API，其属性见表 4-8。

```
this.animate(selector, keyframes, duration, callback)
```

表 4-8 this.animate() API 属性

属性	类型	是否必填	描述
selector	String	是	选择器（同 SelectorQuery.select 的选择器格式）
keyframes	Array	是	关键帧信息
duration	Number	是	动画持续时长，单位为 ms
callback	Function	否	动画完成后的回调函数

【示例 4-9】以实例讲解 this.animate() API 实现动画的过程，this.animate()动画效果如图 4-17 所示。

图 4-17 this.animate()动画效果

在 Demo04 小程序项目里，新建一个页面，命名为 anim，打开 anim.wxml 文件，实现页面布局。具体代码如下。

```
<view id="an" class="anim" >
    <image src="/images/goods1.jpg" animation="{{animated}}"></image>
</view>
<button bindtap = "anichange">开启动画</button>
```

打开 anim.wxss 文件，实现页面样式。具体代码如下。

```
.anim{
    width: 300rpx;
    height: 300rpx;
    margin: 40rpx auto;
}
.anim image{
    width: 300rpx;
    height: 300rpx;
}
```

打开 anim.js 文件，实现 this.animate()动画。在关键帧信息数组里，定义动画的透明度、旋转角度、背景颜色等信息。调用 this.clearAnimation()函数清除#an 选择器上的 opacity 和 rotate 属性。具体代码如下。

```
Page({
    anichange: function ()
```

```
            {this.animate('#an', [
                { opacity: 1.0, rotate: 0, backgroundColor: '#FF0000' },
                { opacity: 0.5, rotate: 45, backgroundColor: '#00FF00', offset: 0.9},
                { opacity: 0.0, rotate: 90, backgroundColor: '#FF0000' },], 5000,
                function () {this.clearAnimation('#an', { opacity: true, rotate: true },
            )}.bind(this))
        },
    })
```

4.4.3 实现商品动画效果

实现商品动画效果

商品展示功能是电子商城平台最基本且十分重要的功能，用户进入电子商城平台，应像进入现实中的超市一样，能够看到琳琅满目的商品。商城通过商品展示，发挥美化装饰的效果，提高商品的吸引力和价值。接下来，利用弹性布局实现最新产品的展示功能，并设置产品的动画效果。

【示例 4-10】打开 wintersweet 项目，在 index 页面实现"最新产品"功能，能够展示产品的图片、标题和价格以及其他信息。最新产品效果图，如图 4-18 所示。

图 4-18 最新产品效果图

在 index.js 文件，定义 goodsList 数组内容。产品信息包括图的 id、产品地址 url、产品标题 title、产品价格 price 以及动画效果 effect。具体代码如下。

```
Page({
    data:{
        sliderList:[略],
        navList:[略],
        recomList:[略],
        goodsList:[
            {id:"0",url:"/images/goods/goods1.jpg",title:'澳洲腊梅',price:'88',effect:false},
            {id:"1",url:"/images/goods/goods2.jpg",title:'云南腊梅',price:'78',effect:false},]
    }
})
```

在 index.wxml 文件，定义最新产品的布局。在 image 组件上添加 animation 属性和 bindtap 事件，用于实现动画功能。具体代码如下。

```html
<view class="divide"></view>
<view class="goods">
    <view class="top-title">最新产品</view>
    <view class="goodslist">
        <navigator class="goodsitem" url="" wx:for="{{goodsList}}">
            <view class="goodsimg">
                <image src="{{item.url}}"  data-key="{{item.id}}"
                    animation="{{item.effect ? animation : ''}}"  bindtap="rotateImage"></image>
            </view>
            <view class="goodsinfo">
                <text class="goodstitle">{{item.title}}</text>
                <view class="price">
                    <text class="oldprice">¥{{item.price}}</text>
                    <text class="newprice">¥{{item.price*0.9}}</text>
                </view>
            </view>
        </navigator>
    </view>
</view>
```

在 index.wxss 文件，定义最新产品的样式。具体代码如下。

```css
.goods{background-color: #fff;}
.top-title{text-align: center; color: #f60;padding: 10rpx 0;}
.goodslist{display: flex;justify-content: space-around;flex-wrap: wrap;padding: 20rpx;}
.goodsitem{width: 49%;font-size: 16px;padding-bottom: 5rpx;}
.goodsimg image{width: 100%;}
.goodsinfo{background-color:#fff2e1;padding: 10rpx 20rpx;}
.goodsprice{display: flex;justify-content: space-between;align-items: center;}
.goodstitle{font-size: 16px;color: #5e5e56;}
.oldprice{font-size: 16px;color: #ccc;text-decoration:line-through;}
.newprice{font-size: 16px;color: #f60; margin-left: 20rpx;}
```

打开 index.js 文件，在 onShow()函数中使用 wx.createAnimation() API 创建动画实例，使用 setInterval()设定一个定时器，最后使用 export()将动画导出，并把动画数据传递给组件的 animation 属性。具体代码如下。

```javascript
onShow: function () {
    var animation = wx.createAnimation({         //创建动画实例 animation
        duration: 500,
        timingFunction: 'ease',
    })
    this.animation = animation
```

```
        var next = true;
        setInterval(function () {              //连续动画关键步骤
            if (next) {                         //调用动画实例方法来描述动画
                animation.translateX(4).step();
                next = !next;
            } else {
                animation.translateX(-4).step();
                next = !next;
            }
            this.setData({
                animation: animation.export()   //将动画导出，数据传递给组件的 animation 属性
            })
        }.bind(this), 300)
    }
```

打开 index.js 文件，实现图片的事件绑定函数 rotateImage()，先获取当前事件的索引值，再根据索引值找到对应的数据，当 effect 值为 true 时，设置动画信息，并将动画导出。动画运行后，需要使动画停止，修改 effect 值，并重新对 goodsList 赋值。具体代码如下：

```
rotateImage:function (e) {
    let key = e.currentTarget.dataset.key
    let data_list = this.data.goodsList
    let current_data = data_list[key]
    if (current_data.effect) {
        this.animation.rotate(0).step({duration: 0, transformOrigin: "50%,50%", timingFunction: 'linear'})
        this.setData({
            animation: this.animation.export()
        })
    }
    current_data.effect = !current_data.effect
    data_list[key] = current_data
    this.setData({
        goodsList: data_list
    })
}
```

项 目 小 结

本项目以商城首页模块为例，讲解了商城小程序项目需求，分析了商城小程序中各个功能要点，使读者对商城小程序的制作有初步理解，并将 tabBar、swiper、scroll-view 等组件的基本属性及使用方法融入商城小程序项目。在学习过程中，每一个项目实训针对知识点进行强化训练，希望读者能够查找开发者文档完成实训内容。

学习评价

在学习了本项目之后，读者是否对自己有一个清晰的理解，为胜任软件开发岗位工作还需要在哪些方面做进一步的学习？完成表4-9。

表4-9 工作岗位技能量表

评价内容	评价等级			
	非常满意	满意	一般	不满意
参与功能需求说明书和系统概要设计，并负责完成核心代码的编写工作				
根据开发规范与流程，独立完成核心模块的设计和编制相关文档				
能够进行项目代码调优、错误修改、完善项目功能				
应用 WXML、WXSS 前端技术，设计与开发小程序前端页面的功能				
精通 JavaScript 语言，开始积累项目开发经验				
熟悉 MySQL 等各类数据库并能熟练使用 SQL				
具有较强的学习能力，对技术研究和创新有浓厚的兴趣				
有较强的分析能力、理解能力、语言沟通能力和书面表达能力				
具备良好的团队合作精神，能够承受项目开发中的压力				

项目实训

一、选择题

1. flex-basis 是（   ）。
   A．分配多余空间之前，弹性项目占据的主轴空间
   B．分配剩余空间给该弹性项目
   C．该弹性项目变为弹性宽度
   D．以上都对

2. 设置弹性项目各行之间对齐的属性是（   ）。
   A．flex-wrap   B．space-between
   C．align-content   D．align-items

3. 设置弹性项目在主轴对齐方式的属性是（   ）。
   A．flex-wrap   B．space-between
   C．align-content   D．align-items

二、综合实训

使用 swiper 组件实现顶部导航，使内容页具有滑动功能，运行效果如图 4-19 所示。

图 4-19　运行效果

项目 5　新闻页面模块开发

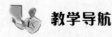
教学导航

学习目标

1. 掌握静态数据的定义与接口的使用方法。
2. 理解新闻列表页与新闻详情页数据的读取。
3. 掌握利用本地缓存的写入与读取实现收藏功能的方法。
4. 掌握按钮和菜单转发分享的基本方法和技巧。
5. 掌握背景音乐 API 的调用以及监听方法。

素质园地

1. 课前以团队的方式讨论下拉刷新和上拉触底带来的简便，思考大规模数据中使用 setData() 的效率问题，从而培养团队合作意识、创新精神。

2. 小组汇报课前学习成果，借助布局设计图表展示新闻小程序页面的设计，开阔视野，培养实事求是的工作态度，提升学生的研究能力。

职业素养

1. 扫码观看视频"组建优秀的软件开发团队"，组建项目小组，在组建过程中思考：团队如何进行技能互补？如何协调工作任务？

2. 优化课上完成的新闻界面设计方案，培养学生精益求精的工匠精神。团队通过设计项目作品，参加各类创新创业大赛，提升团队合作精神。

组建优秀的软件开发团队

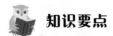

知识要点

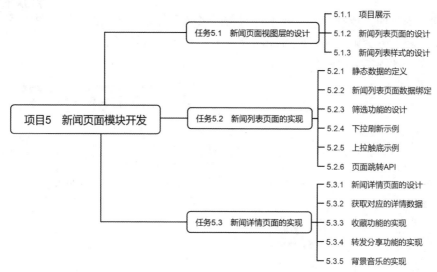

图 5-1 本项目知识要点

在小程序开发中，经常会遇到实现新闻模块的需求，新闻模块包括新闻列表、新闻详情、新闻评价等，小程序为新闻模块提供了各类 API 和组件。掌握了这些 API 和组件的使用方法，即可完成新闻模块功能的开发。本项目将通过"梅园——新闻页面"，讲解公共数据的定义、详情数据的获取、收藏功能、背景音乐 API、分享 API 等功能的实现。

任务 5.1 新闻页面视图层的设计

5.1.1 项目展示

新闻页面视图层的设计

本项目配套源代码提供了新闻页面，读者可以使用微信开发者工具打开该页面，查看项目的运行结果，如图 5-2、图 5-3 所示。

图 5-2 新闻列表页效果

图 5-3 新闻详情页效果

5.1.2 新闻列表页面的设计

新闻列表页面分成筛选区域和卡片式新闻区域两部分。筛选区域主要用于新闻分类筛选和时间排序功能，卡片式新闻区域用于显示新闻列表，如图5-4、图5-5所示。

新闻列表页面的设计

图 5-4 卡片式新闻效果图

图 5-5 新闻页面设计图

【示例 5-1】分析新闻页面结构，并编写代码实现。

在 pages/news/news.wxml 文件中编写页面布局代码，具体代码如下。

```
<view class="card" >
    <view class="card-top">
        <text class='card-title'>最美梅花园</text>
        <text class='card-date'>2021-04-05</text>
    </view>
    <image class="card-img" src="/images/news/news1.jpg" mode='aspectFill'></image>
    <text class='card-desc'>"萝岗香雪"曾是羊城八景之一</text>
    <view class="card-detail">
        <view class="post-like">
            <image class="post-image" src="/images/others/favorites.png"></image>
            <text class="post-font">1250</text>
            <image class="post-image" src="/images/others/view.png"></image>
            <text class="post-font">63</text>
        </view>
        <text class='card-read' bindtap='handleDetail' data-id="">查看详情</text>
    </view>
</view>
```

在上述代码中,外层<view>标签里包含了两个子容器,class 分别为 card-top、card-detail 和一个<image>标签,分别对应页面的新闻卡片标题和底部信息以及中间图片。

5.1.3 新闻列表样式的设计

新闻列表样式的设计

在 pages/news/news.wxss 文件中编写页面样式代码,具体代码如下。

```
page{ background-color: #f1f1f1; }
.card{background-color: #fff;border: 1rpx solid #ddd;border-radius: 10rpx;margin: 60rpx 20rpx;
      padding: 20rpx 30rpx;display: flex;flex-direction: column;}
.card-top{display: flex;justify-content: space-between;}
.card-title{font-size: 20px;margin-bottom: 20rpx;}
.card-date{font-size: 14px;color: #ccc;padding-bottom: 20rpx;margin-bottom: 20rpx;}
.card-img{width: 100%;height: 300rpx;}
.card-desc{font-size: 18px;color: #333;padding-bottom: 20rpx;border-bottom: 1rpx solid #ddd;
      margin: 20rpx 0;}
.card-read{font-size: 14px;color: #666;}
.card-detail{display: flex;justify-content: space-between;}
.post-like{font-size: 15px;}
.post-image{height: 16px;width: 16px;margin-right: 8px;}
.post-font{margin-right: 15px;}
```

练一练

画出图 5-6 所示新闻列表页面的结构图,使用 Flex 布局方式实现该页面效果。

图 5-6 新闻列表页面

任务 5.2　新闻列表页面的实现

5.2.1　静态数据的定义

静态数据的定义

通过前面的学习，读者已经知道数据可以定义在 JS 文件的 data 对象中。当数据较多时，或者当没有条件提供数据接口时，可以采用静态数据进行代替。例如，可以将数据定义在 utils/common.js 文件中，如图 5-7 所示。

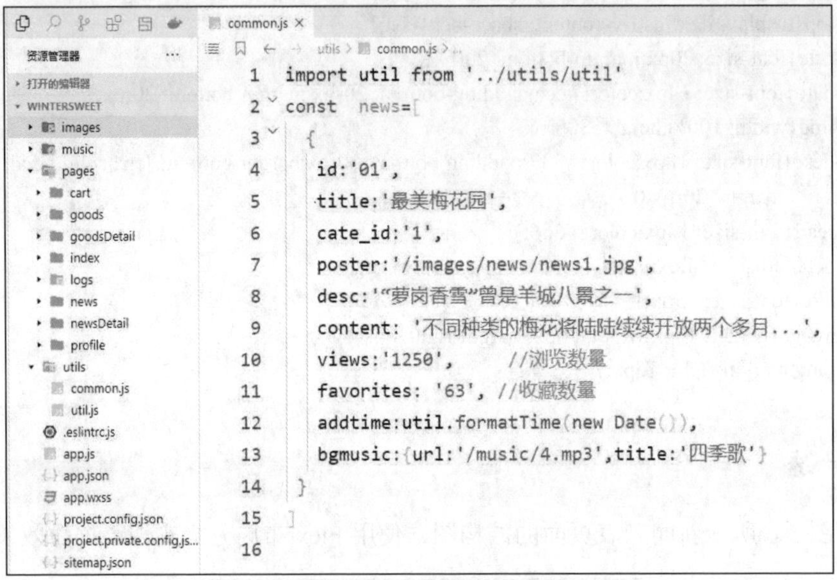

图 5-7　定义静态数据

【示例 5-2】定义新闻静态数据，并自行增加 5 条数据。

下面代码提供了 1 条新闻列表数据作为示例，读者可以根据视图界面的功能，自行添加或修改新闻内容。其中，id 表示每条数据的编号；title 表示新闻的标题；cate_id 表示新闻分类编号；poster 表示卡片式新闻的贴图；desc 表示卡片式新闻的摘要；content 表示新闻内容详情；views 表示浏览数量；favorites 表示收藏数量；addtime 表示新闻添加时间，添加时间引入了小程序默认的 util 文件中定义的时间格式，可以使用 Date()函数获取当前系统时间；bgmusic 表示背景音乐，包括音乐地址和音乐名称。

```
import util from '../utils/util'
const news=[
    {
        id:'01',
        title:'最美梅花园',
        cate_id:'1',
        poster:'/images/news/news1.jpg',
        desc:'"萝岗香雪"曾是羊城八景之一',
```

```
            content:'不同种类的梅花将陆陆续续开放两个多月...',
            views:'1250',        //浏览数量
            favorites: '63',      //收藏数量
            addtime:util.formatTime(new Date()),
            bgmusic:{ url:'/music/4.mp3',title:'四季歌'}
        }
    ]
```

接下来在 utils/common.js 文件中定义自定义函数，包括获取新闻列表函数 getNewsList() 和获取新闻详情函数 getNewsDetail()。

getNewsList()函数使用 for 循环的方式读取 news 数据，调用 push()方法将其写入 newslist 数组，最后返回 newslist 数组。

```
const news=[代码略]
exports.getNewsList=()=>{
    let newslist=[]
    for(var i=0;i<news.length;i++){
        let obj={}
        obj.id=news[i].id
        obj.title=news[i].title
        obj.poster=news[i].poster
        obj.desc=news[i].desc
        obj.views=news[i].views
        obj.favorites=news[i].favorites
        obj.content=news[i].content
        obj.addtime=news[i].addtime
        obj.bgmusic=news[i].bgmusic
        newslist.push(obj)
    }
    return newslist
}
```

在 utils/common.js 文件中定义 getNewsDetail()函数，该函数通过传入的参数 newsid 来获取需要读取的新闻详情。使用 for 语句在 news 数组里查找，如果传入的 newsid 与 news 数组中的某条新闻的 id 相等，则将此新闻详情返回给调用程序。

```
exports.getNewsDetail=(newsid)=>{
    let newsDetail={}
    for(var i=0;i<news.length;i++){
        if (newsid==news[i].id){
            newsDetail=news[i]
            break
        }
    }
    return newsDetail
}
```

练一练

根据所学静态数据以及函数的定义，尝试写一个根据新闻分类编号 cate_id 对新闻列表数据进行分类的函数。

_____

_____

_____

_____

5.2.2 新闻列表页面数据绑定

新闻列表页面数据绑定

新闻列表页面主要有两个功能，一是展示新闻列表，二是点击"查看详情"按钮跳转到新闻详情页面进行浏览。这一小节实现展示新闻列表功能。通过加载/utils/common.js 的静态数组 news 里的数据来显示新闻列表。

【示例 5-3】使用静态数据，实现新闻列表页面。

打开 pages/news/news.js 文件，使用 require()方法将/utils/ common.js 文件引入，具体代码如下。

```
var common = require('../../utils/common.js')
Page({
    data: {
        newsList:[]
    },
    onLoad: function (options) {
        let newsList = common.getNewsList()
        this.setData({
            newsList: newsList
        })
    },
})
```

获取新闻列表数据后，在 pages/news/news.wxml 中使用 wx:for 语句实现列表渲染，读取在 news.js 文件中定义的 newsList 数据，具体代码如下。

```
<view class="card" wx:for="{{newsList}}" wx:key="id" wx:for-item='news'>
    <view class="card-top">
        <text class='card-title'>{{news.title}}</text>
```

```
                <text class='card-date'>{{news.addtime}}</text>
            </view>
            <image class="card-img" src='{{news.poster}}' mode='aspectFill'></image>
            <text class='card-desc'>{{news.desc}}</text>
            <view class="card-detail">
                <view class="post-like">
                    <image class="post-image" src="/images/favorites.png"></image>
                    <text class="post-font">{{news.favorites}}</text>
                    <image class="post-image" src="/images/view.png"></image>
                    <text class="post-font">{{news.views}}</text>
                </view>
                <text class='card-read' bindtap='handleDetail' data-id='{{news.id}}'>查看详情</text>
            </view>
        </view>
```

5.2.3 筛选功能的设计

筛选功能是为了更好地组织和呈现新闻内容，新闻被划分为不同的分类，以便读者可以根据自己的需求和兴趣进行阅读。本项目使用分成两种方式筛选，一种是按新闻分类，另一种是按照时间排序，效果如图 5-8～图 5-10 所示。

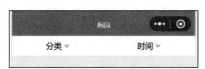

图 5-8　筛选效果　　　　图 5-9　新闻分类列表　　　　图 5-10　按时间分类

【示例 5-4】按照新闻分类和时间，实现新闻列表页面的筛选功能。

筛选功能的布局

打开 pages/news/news.wxml 文件，筛选功能设置在新闻列表页面的上部，所以需要将代码放置在页面的上部。将筛选功能分成 3 个容器，即 class 为 filter-tab 表示筛选条件，class 为 filter-content 表示筛选区域，class 为 filter-shadow 表示筛选功能下面的阴影部分，具体代码如下。

```
<view class="filter">
    <view class="filter-tab"></view>
    <view class="filter-content"></view>
    <view class="filter-shadow" ></view>
</view>
```

在 pages/news/news.wxml 实现以上 3 个区域的布局，具体代码如下。

```
<view class="filter">
    <view class="filter-tab">
```

```
                <text bindtap="setFilterPanel" data-findex="1"
                        class="{{showfilterindex==1?'active':''}}">分类</text>
                <text bindtap="setFilterPanel" data-findex="2"
                        class="{{showfilterindex==2?'active':''}}">时间</text>
        </view>
        <view class="filter-content" wx:if="{{showfilter}}">
            <view class="filter-panel" wx:if="{{showfilterindex==1}}" >
                <view class="filter-panel-item">
                    <view class="active">分类名称</view>
                </view>
            </view>
            <view class="filter-panel" wx:if="{{showfilterindex==2}}" >
                <view class="filter-panel-item">
                    <view class="active">升序</view>
                </view>
            </view>
        </view>
        <view class="filter-shadow" wx:if="{{showfilter}}" bindtap="hideFilter"></view>
</view>
```

在 pages/news/news.wxss 实现样式，具体代码如下。

```
.filter-tab{display: flex;width: 100%;line-height: 80rpx;border-bottom: 1rpx solid #ddd;
        position: relative;z-index: 2;background: #fff;}
.filter-tab text{flex: 1;text-align: center;}
.filter-tab text:after{content: '';display: inline-block;vertical-align: 4rpx;width: 0;height: 0;
        border-left: 12rpx solid transparent;border-right: 12rpx solid transparent;
        border-top: 12rpx solid #bbb;margin-left: 8rpx;}
.filter-tab text.active{color: #f7982a;}
.filter-tab:not(.sort-tab) text.active:after{border-top: 0;border-bottom: 12rpx solid #f7982a;}
.filter-panel{display: flex;background: #f5f5f5;position: absolute;width: 100%;z-index: 13;
        overflow: hidden;}
.filter-panel-item{flex: 1;line-height: 80rpx;text-align: center;max-height: 480rpx;
        overflow-y: auto;}
.filter-panel-item .active{background: #fff;}
.filter-shadow{position: absolute;width: 100%;top: 0;bottom: 0;z-index: 1;
        background: rgba(0,0,0,.5);}
```

在 pages/news/news.js 中定义变量，showfilter 变量用于判断是否显示下拉筛选；showfilterindex 变量用于判断显示哪个筛选类目，当值为 1 时，按新闻分类显示，当值为 2 时，按时间排序显示。filterdata 定义了新闻分类和时间排序两种下拉列表数据。具体代码如下。

```
Page({
    data: {
        showfilter: false,              //是否显示下拉筛选
        showfilterindex: null,          //显示哪个筛选类目
        sortindex: 0,                   //分类索引
        timeindex: 0,                   //时间索引
```

```
        filterdata: {
            "sort": [ { "id": 0, "title": "梅花动态" },
                    { "id": 1, "title": "梅花栽培" },
                    { "id": 2, "title": "梅花历史" },
                    { "id": 3, "title": "梅园观景" }],
            "time": [{ "id": 0, "title": "升序" },
                    { "id": 1, "title": "降序" }]
        }
})
```

在 pages/news/news.js 中实现筛选功能面板的关闭与展开。setFilterPanel()函数主要用于筛选面板关闭与展开功能，在事件中定义名为 findex 的事件参数。hideFilter()函数用于关闭阴影部分。具体代码如下。

```
Page({
    data: { [代码略] },
    setFilterPanel: function (e) {              //筛选面板事件函数
        const i = e.currentTarget.dataset.findex;
        if (this.data.showfilterindex == i) {   //关闭筛选面板
            this.setData({
                showfilter: false,
                showfilterindex: null
            })
        } else {                                //展开筛选面板
            this.setData({
                showfilter: true,
                showfilterindex: i,
            })
        }
    },
    hideFilter: function () {                   //关闭阴影部分
        this.setData({
            showfilter: false,
            showfilterindex: null
        })
    }
})
```

在 pages/news/news.wxml 文件实现下拉数据的绑定。为每一个新闻分类下拉选项绑定 setSortIndex 事件，传递 sortindex 参数。时间排序绑定 setTimeIndex 事件，传递 timeindex 参数。具体代码如下。

```
<view class="filter-content" wx:if="{{showfilter}}">
    <view class="filter-panel" wx:if="{{showfilterindex==1}}" >
        <view class="filter-panel-item">
            <view wx:for="{{filterdata.sort}}" wx:key="{{item.id}}"
                bindtap="setSortIndex" data-sortindex="{{index}}"
                class="{{sortindex==index?'active':''}}">{{item.title}}</view>
```

实现新闻分类筛选

```
            </view>
        </view>
        <view class="filter-panel" wx:if="{{showfilterindex==2}}">
            <view class="filter-panel-item">
                <view wx:for="{{filterdata.time}}" wx:key="{{item.id}}"
                   bindtap="setTimeIndex" data-timeindex="{{index}}"
                   class="{{timeindex==index?'active':''}}">{{item.title}}</view>
            </view>
        </view>
</view>
```

在 utils/common.js 中定义一个函数,实现根据新闻分类编号 cid 获取新闻数据的功能。具体代码如下。

```
exports.getCateList=(cid)=>{
    let cateList=[]
    for(let i=0; i<news.length;i++){
        if(cid==news[i].cate_id){
            let obj={}
            obj.id=news[i].id
            obj.title=news[i].title
            obj.cate_id=news[i].cate_id
            obj.addtime=news[i].addtime
            obj.poster=news[i].poster
            obj.desc=news[i].desc
            obj.favorties=news[i].favorties
            obj.views=news[i].views
            obj.content=news[i].content
            obj.bgmusic=news[i].bgmusic
            cateList.push(obj)
        }
    }
    return cateList
}
```

在 pages/news/news.js 中实现新闻分类筛选数据。setSortIndex()函数先获取分类的索引值,将索引值传入 getCateList()函数获取分类数据。具体代码如下。

```
Page({
    setSortIndex: function (e) {       //新闻分类索引
        const sortindex=e.currentTarget.dataset.sortindex;
        let newsList=common.getCateList(sortindex)
        this.setData({
            sortindex: sortindex,
            newsList: newsList
        })
    }
})
```

根据在 common.js 中定义函数的方法，按照以下步骤实现以时间升序或降序的方法显示新闻列表。

步骤 1：在 common.js 中定义时间排序数据接口。

_____
_____
_____
_____

步骤 2：在 new.js 中利用 setTimeIndex 函数调用 common.js 中的时间排序数据接口。

_____
_____
_____
_____
_____

5.2.4 下拉刷新示例

下拉刷新和上拉加载这两种交互方式通常出现在移动端中。下拉刷新的本质是页面本身置于顶部时，用户下拉触发相应动作，从而重新加载页面数据。启用下拉刷新有两种方式，一种是全局开启下拉刷新，在 app.json 的 window 节点中，将 enablePullDownRefresh 设置为 true，开启后小程序所有页面都具有下拉刷新的功能；另一种是局部开启下拉刷新，在单个页面的.json 配置文件中，将 enablePullDownRefresh 设置为 true，则单个页面具有下拉刷新的功能。

【示例 5-5】实现新闻列表页面下拉刷新的功能。

编写 pages/news/news.json 文件代码，设置下拉刷新配置信息。可以通过 backgroundColor 和 backgroundTextStyle 来配置下拉刷新窗口的样式，其中：backgroundColor 配置下拉刷新窗口的背景颜色，仅支持 16 进制的颜色值；backgroundTextStyle 配置下拉刷新加载的样式，仅支持 dark 和 light。

```
{
    "enablePullDownRefresh":true,
    "backgroundColor":"#eee",
```

```
    "backgroundTextStyle":"dark"
}
```

在 pages/news/news.js 文件中编写代码。onPullDownRefresh()函数用于监听用户下拉刷新事件。当触发下拉刷新动作时,在原有数据前添加一条新的随机数据。具体代码如下。

```
onPullDownRefresh() {
    let newsdata=common.getNewsList()
    let ndata=newsdata[Math.floor(Math.random()*newsdata.length)]
    this.setData({
        newsList:[ndata ,...this.data.newsList]
    })
},
```

5.2.5 上拉触底示例

上拉触底示例

在小程序的开发过程中,上拉加载是一种十分常见的加载效果,常用于上拉下一页数据。上拉加载的本质是页面触底,或者快要触底时的动作。小程序通过函数 onReachBottom()实现上拉加载。

上拉触底的距离指的是触发上拉触底事件时,滚动条距离页面底部的距离。可以在全局或页面的.json 配置文件中,通过 onReachBottomDistance 属性来配置上拉触底的距离。小程序默认的触底距离是 50px,在实际开发中,可以根据自己的需求修改该值。

【示例 5-6】实现新闻列表页面上拉触底时加载新数据的功能。

在 pages/news/news.json 中设置当上拉触底距离为 300px 时,触发上拉触底监听。具体代码如下。

```
{
    [代码略]
    "onReachBottomDistance": 300
}
```

在 pages/news/news.js 中实现上拉触底加载下一页数据,在 data 里定义返回翻页的页数 pagenum,初始页默认值为 1。具体代码如下。

```
data: {
    pagenum: 1,        //初始页默认值为 1
    [代码略]
}
```

在 pages/news/news.js 文件中编写代码。onReachBottom()函数可以监听用户上拉触底事件,JavaScript 中 "..." 是扩展运算符,用于读取参数对象的所有可遍历属性,然后复制到当前对象之中。具体代码如下。

```
onReachBottom() {
    var that=this;
    var pagenum = that.data.pagenum + 1;     //获取当前页数并加 1
    let newsdata = common.getNewsList()
```

```
            that.setData({
                pagenum: pagenum,                    //更新当前页数
                newsList: [...this.data.newsList, ...newsdata ]
            })
        },
```

5.2.6 页面跳转 API

页面跳转 API

页面之间的跳转有多种方式，其中 wx.navigateTo(Object object)函数可以在跳转后保留当前页面，跳转到应用内的某个页面，但其不能跳到 tabBar 页面（带有底部导航栏的页面）。wx.navigateTo 函数参数见表 5-1。

表 5-1 wx.navigateTo()参数

属性	类型	是否必填	说明
url	String	是	需要跳转的应用内非 tabBar 页面的路径（代码包路径），路径后可以带参数。参数与路径之间使用?分隔，参数键与参数值用 = 相连，不同参数用&分隔，如 'path?key=value&key2=value2'
events	Object	否	页面间通信接口，用于监听被打开页面发送到当前页面的数据
success	Function	否	接口调用成功的回调函数
fail	Function	否	接口调用失败的回调函数
complete	Function	否	接口调用结束的回调函数（调用成功、失败都会执行）

【示例 5-7】实现新闻列表页面和新闻详情页面之间的跳转功能。

在新闻列表页面 pages/news/news.wxml 中，添加"查看详情"按钮，在 pages/news/news.wxml 文件中，为"查看详情"按钮添加事件绑定，具体代码如下。

```
<text class='card-read' bindtap='handleDetail' data-id='{{news.id}}'>查看详情</text>
```

在 pages/newsDetail/newsDetail.js 文件中添加事件处理函数，具体代码如下。

```
handleDetail :function(e){
    let id=e.currentTarget.dataset.id;
    wx.navigateTo({
        url:'../newsDetail/newsDetail?id='+id
    })
}
```

任务 5.3 新闻详情页面的实现

新闻详情页面包含了收藏、分享、背景音乐等功能，如图 5-11 所示。可以将详情页分为 4 个部分：标题区域、摘要区域、图片区域和内容区域。标题区域包含新闻标题、时间、收藏和背景音乐；内容区域包括新闻内容和转发按钮，如图 5-12 所示。

 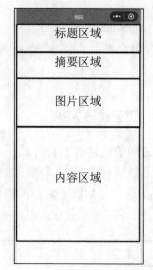

图 5-11 新闻详情页面效果　　　　图 5-12 新闻详情页面结构

5.3.1 新闻详情页面的设计

新闻详情页面的设计

【示例 5-8】 根据新闻详情页面效果和新闻详情页面结构，实现新闻详情页面的布局。

打开 pages/newsDetail/newsDetail.wxml 文件，编写代码实现新闻详情页面的布局。在时间一栏里放置 3 张图片作为按钮，其中收藏和取消收藏功能需要 2 张图片进行切换。具体代码如下。

```
<view class="detail">
    <view class="detail-top">
        <view class="detail-title">最美梅花园</view>
        <view class="detail-info">
            <text class="detail-info-time">2021-04-05</text>
            <view class="detail-com">
                <image src="/images/others/collection-anti.png"></image>
                <image src="/images/others/music-stop.png"></image>
            </view>
        </view>
    </view>
    <view class="detail-body">
        <view class="detail-desc">"萝岗香雪"曾是...</view>
        <image src=/images/news/news1.jpg></image>
        <view class="detail-content">不同种类的...</view>
        <button class="share">转发此文章</button>
    </view>
</view>
```

在 pages/newsDetail/newsDetail.wxss 文件中编写样式代码，具体代码如下。

```
.detail {width: 100%;height: 100%;background-color: #FCFCFC;line-height: 65rpx;}
.detail-top {width: 100%;height: 200rpx;background-color:#31577C;}
.detail-top .detail-title{padding-top: 40rpx;margin-left: 20rpx;color: rgb(255, 255, 255);
               font-size: 45rpx;}
.detail-info{display: flex;justify-content: space-between;}
.detail-top .detail-info{display: flex;justify-content: space-between;align-items: center;
                margin: 20rpx;}
.detail-info-time {font-size: 30rpx;color:#87ABCD;}
.detail-info-favor{width: 60rpx;height: 60rpx;}
.detail-desc {background: #F3F3F3;margin: 20rpx 20rpx;font-size: 36rpx;text-indent: 30rpx;
             color: #666;}
.detail-com image{width: 70rpx;height: 70rpx;margin-left: 20rpx;}
.detail-body image{width: 95%;height: 350rpx;margin: 0 20rpx;}
.detail-content{margin: 10rpx 20rpx;color: #666;line-height: 30px;text-align: justify;
              text-indent:30px;}
.share{width: 40%;height: 100rpx;}
```

5.3.2 获取对应的详情数据

前面实现了新闻列表面页与新闻详情面页的跳转，在跳转的同时，传递了新闻 id 数据。虽然在 pages/news/news.wxml 中已经定义 data-id='{{news.id}}'，但是仍需在 newsDetail 页面根据传递过来的参数获取具体对应的新闻详情。

【示例 5-9】实现新闻列表页面与详情页面的参数传递，并读取新闻详情信息。

打开 pages/newsDetail/newsDetail.js 文件，引入 common.js 文件，并定义 newsDetail 数据。在 onLoad()函数里获取页面参数，并使用在 common.js 文件中定义的 getNewsDetail() 函数读取新闻详情，具体代码如下。

```
var common=require('../../utils/common.js')
    Page({
        data: {
            newsDetail: {}
    },
    onLoad: function (options) {
            let id=options.id
            let result=common.getNewsDetail(id)
            this.setData({
                newsDetail: result
        })
      }
})
```

打开 pages/newsDetail/newsDetail.wxml，编写如下代码。

```
<view class="detail">
    <view class="detail-top">
        <view class="detail-title">{{newsDetail.title}}</view>
```

```
            <view class="detail-info">
                <text class="detail-info-time">{{newsDetail.addtime}}</text>
                <view class="detail-com">
                    <image src="/images/collection-anti.png"> </image>
                    <image src="/images/music-stop.png"></image>
                </view>
            </view>
        </view>
        <view class="detail-body">
        <view class="detail-desc">{{newsDetail.desc}}</view>
        <image class="detail-image" src='{{newsDetail.poster}}'></image>
        <view class="detail-content">{{newsDetail.content}}</view>
        <button class="share">转发此文章</button>
    </view>
</view>
```

5.3.3 收藏功能的实现

可以使用小程序缓存功能实现新闻详情页面的收藏和取消收藏功能。这种缓存方式可以减轻服务器的负担，提高小程序的性能和响应速度。

【示例 5-10】 使用小程序缓存 API 实现新闻详情页面数据的收藏和取消收藏功能。

打开 pages/newsDetail/newsDetail.wxml 文件，为收藏图片添加上条件渲染，根据 isCollected 的值判断是否有收藏。分别为两张图片绑定取消收藏和添加收藏事件。具体代码如下。

```
<image wx:if="{{isCollected}}" bindtap="cancelCollected"
    src="/images/others/collection.png"></image>
        <image wx:else bindtap="addCollected"
    src="/images/others/collection-anti.png"></image>
```

（1）收藏功能：打开 pages/newsDetail/newsDetail.js 文件，定义用于判断是否有收藏的变量 isCollected，实现 addCollected()函数代码，使用 wx.setStorageSync(string key, any data)函数将数据添加到本地缓存中，使用 wx.showToast(Object object)显示消息提示框。具体代码如下。

收藏功能的实现

```
var common = require('../../utils/common.js')
Page({
    data: {
        isCollected: false
    },
    addCollected: function () {
        let newsDetail=this.data.newsDetail
        wx.setStorageSync(newsDetail.id, newsDetail)
        this.setData({
            isCollected: true
        })
        wx.showToast({
```

```
                title: '收藏成功',
                icon:'success'
            })
        }
    })
```

添加收藏效果如图 5-13 所示。

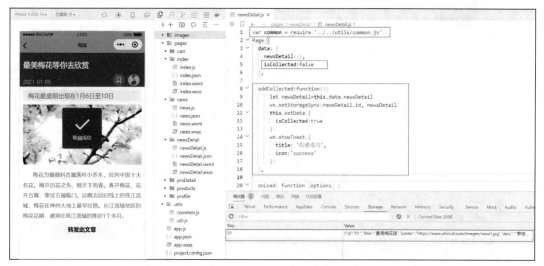

图 5-13 添加收藏效果

（2）取消收藏：打开 pages/newsDetail/newsDetail.js 文件，定义 cancelCollected()函数，使用 wx.removeStorageSync(string key)函数将数据从本地缓存中移除。具体代码如下。

取消收藏功能的实现

```
Page({
    data: { 代码略 },
    cancelCollected: function () {
        let newsDetail = this.data.newsDetail
        wx.removeStorageSync(newsDetail.id)
        this.setData({
            isCollected: false
        })
    }
})
```

取消收藏效果如图 5-14 所示。

（3）从缓存中加载数据：实现收藏功能，回到新闻列表页面，并跳转到详情页面后，发现收藏按钮还是处于未收藏的状态，这是因为 onLoad()函数加载的内容是从 common.js 里读取的。接下来，需要进一步改进 onLoad()函数，根据新闻的 id 值判断缓存中是否有数据，若缓存中有数据，则从缓存中读取，否则从 common.js 中读取。打开 pages/newsDetail/newsDetail.js 文件，对原来的代码进行修改，具体代码如下。

从缓存中加载数据

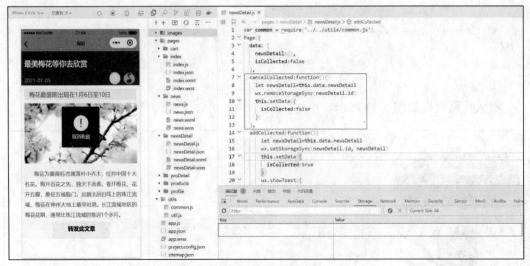

图 5-14 取消收藏效果

```
Page({
    data: {代码略},
    onLoad: function (options) {
        let id=options.id
        //根据 key 获取缓存中的新闻详情
        let newsDetail = wx.getStorageSync(id)
        //如果缓存中存在详情数据
        if (newsDetail != "") {
            this.setData({
                newsDetail: newsDetail,
                isCollected: true
            })
        } else {
            //如果缓存中不存在数据，则从 common.js 文件中读取
            let result=common.getNewsDetail(id)
            this.setData({
                newsDetail: result
            })
        }
    }
})
```

5.3.4 转发分享功能的实现

1. 按钮转发功能

按钮转发功能

【示例 5-11】通过给 button 组件设置属性 open-type="share"，实现用户点击按钮触发用户转发事件，如图 5-15 所示。

打开 pages/newsDetail/newsDetail.wxml 文件，在转发按钮上添加 open-type 属性。

```
<button class="share" open-type="share">转发此文章</button>
```

项目 5　新闻页面模块开发

图 5-15　按钮转发

2. 用户点击右上角转发

用户点击右上角转发

监听用户点击页面内的"转发"按钮或右上角转发菜单的行为，并自定义转发内容。只有定义了 onShareAppMessage() 事件处理函数，右上角转发菜单才会显示，其参数见表 5-2。

表 5-2　onShareAppMessage() 参数

参数	类型	说明
from	String	转发事件来源。button：页面内的转发按钮；menu：右上角转发菜单
target	Object	如果 from 值是 button，则 target 是触发这次转发事件的 button，否则为 undefined
webViewUrl	String	页面中包含 web-view 组件时，返回当前 web-view 的 url

onShareAppMessage() 函数需要返回一个 Object 类型数据，用于自定义转发内容，其返回值见表 5-3。

表 5-3　onShareAppMessage() 函数返回值

返回值	说明	默认值
title	转发标题	当前小程序名称
path	转发路径	当前页面 path，必须是以 "/" 开头的完整路径
imageUrl	自定义图片路径，可以是本地文件路径、代码包文件路径或者网络图片路径。支持 PNG 及 JPG，显示图片长宽比是 5:4	使用默认截图
promise	如果该参数存在，则以 resolve 函数结果为准，如果 3 秒内不使用 resolve 函数，分享会使用传入的默认参数	

【示例 5-12】使用 onShareAppMessage()事件处理函数实现转发分享功能,通过解构 {from}参数,判断是按钮转发还是菜单转发。

打开 pages/newsDetail/newsDetail.js 文件,具体代码如下。

```
Page({
onShareAppMessage: function ({from}) {
        if (from === 'button') {
            return {
            title: '来自 button 按钮的转发',
            page: "/pages/newsDetail/newsDetail",
            imageUrl: '/images/others/share.png'
            }
        } else {
            return {
            title: '来自 menu 按钮的转发',
            page: "/pages/newsDetail/newsDetail",
            imageUrl: '/images/others/share.png'
            }
        }
    }
})
```

按钮转发效果、菜单转发效果如图 5-16、图 5-17 所示。

图 5-16　按钮转发效果　　　　　　图 5-17　菜单转发效果

3. 转发到朋友圈

onShareTimeline()函数监听右上角菜单"分享到朋友圈"按钮的行为,并自定义分享内容。只有定义了此事件处理函数,右上角菜单才会显示"分享到朋友圈"按钮。onShareTimeline()函数返回一个 Object 类型数据,用于自定义分享内容,不支持自定义页面路径,其参数见表 5-4。

转发到朋友圈

表 5-4　onShareTimeline()函数参数

参数	说明	默认值
title	自定义标题，即朋友圈列表页上显示的标题	当前小程序名称
query	自定义页面路径中携带的参数，如 path?a=1&b=2 的"?"后面部分	当前页面路径携带的参数
imageUrl	自定义图片路径，可以是本地文件或者网络图片。支持 PNG 及 JPG，显示图片长宽比是 1∶1	默认使用小程序 logo

【示例 5-13】实现"分享到朋友圈"按钮功能。

打开 pages/newsDetail/newsDetail.js 文件，定义 onShareTimeline()函数，设置 title 和 page 参数。具体代码如下。

```
Page({
    onShareTimeline: function () {
        return {
            title: this.data.newsDetail.title,
            page: "/pages/newsDetail/newsDetail"
        }
    }
})
```

转发到朋友圈效果如图 5-18 所示。

图 5-18　转发到朋友圈效果

5.3.5　背景音乐的实现

wx.getBackgroundAudioManager()函数可以获取全局唯一的背景音乐管理器。若需要在小程序切后台后继续播放音频，则需要在 app.json 文件中配置 requiredBackgroundModes 属性。在开发版和体验版上可以直接生效该效果，正式版还需通过审核。

【示例 5-14】为新闻详情页面添加背景音乐，如图 5-19 和图 5-20 所示。

打开 app.json 文件，设置 requiredBackgroundModes 属性，具体代码如下。

```
"requiredBackgroundModes": ["audio"]
```

打开 pages/newsDetail/newsDetail.wxml 文件，通过判断 isPlay 变量，实现播放与停止图片的切换，具体代码如下。

```
<image src="/images/others/{{isPlay? 'music-stop.png':'music-start.png'}}"
    bindtap="handleMusic"></image>
```

打开 pages/newsDetail/newsDetail.js 文件，定义 isPlay 变量，用于判断背景音乐播放状态。使用 wx.getBackgroundAudioManager()函数创建背景音乐管理器。属性 src 获取音频的数据源，当设置了新的 src 时，小程序会自动开始播放音乐，目前支持的格式有 M4A、AAC、MP3、WAV。title 属性获取音频标题，用于原生音频播放器音频标题（必填）。原生音频播放器中的分享功能中分享出去的卡片标题，也将使用该值。具体代码如下。

```
const music = wx.getBackgroundAudioManager()
Page({
    data: {
        isPlay: false
    },
    handleMusic: function () {
        if (!this.data.isPlay) {
            music.src = this.data.newsDetail.bgmusic.url
            music.title = this.data.newsDetail.bgmusic.title
            music.play()
            this.setData({
                isPlay: true
            })
        } else {
            music.pause()
            this.setData({
                isPlay: false
            })
        }
    }
})
```

小程序通过按钮控制背景音乐时，还需要在 onLoad()函数中监听背景音乐，否则会出现图 5-19 所示的状态。使用 BackgroundAudioManager.onPlay(function callback)监听背景音乐的播放状态，使用 BackgroundAudioManager.onPause(function callback)监听背景音乐的停止状态。打开 pages/newsDetail/newsDetail.js 文件，实现页面监听效果，如图 5-20 所示，具体代码如下。

```
Page({
    onLoad: function (options) {
        music.onPlay(() => {
            this.setData({
                isPlay: true
            })
        })
        music.onPause(() => {
```

```
            this.setData({
                    isPlay: false
            })
        })
    }
})
```

图 5-19　后台音乐与页面播放不匹配

图 5-20　后台音乐与页面播放匹配

项 目 小 结

本项目讲解了新闻列表页面、详情页面的创建，列表页面与详情页面的数据对接。新闻列表页面嵌入了列表渲染、下拉刷新、上拉触底的操作。通过学习本项目，读者对前面的知识点能有更好的理解与应用。本项目在详情页任务里讲解了收藏、转发以及背景音乐功能，通过具体的功能让读者更好理解各类 API 属性与使用方法。

学 习 评 价

软件项目开发过程中时间管理涉及的主要过程包括活动定义、活动排序、活动历时估算、进度方案制定和进度控制。合理地安排项目时间是项目管理中的一项关键内容，它能保证按时完成项目、合理分配资源、发挥最佳工作效率。对所在小组在项目开展过程中的项目主题、解决问题、时间管理等方面进行评价，完成表 5-5。

表 5-5 项目评价量表

评价内容	评价等级			
	非常满意	满意	一般	不满意
项目主题深受大家的喜欢,学习兴趣浓厚				
项目调研过程中,小组成员能按时提交报告,有时间观念				
尝试从不同角度分析项目主题和解决遇到的问题				
用图表等方式清楚地表达解决问题的过程,并尝试运用不同的方式进行表达				
项目展示过程有序、清晰,环节安排合理,过渡衔接自然,时间分配得当				
项目展示过程中,小组成员仪态自然、仪表大方,语言规范、准确、生动,表达流畅				
项目结束后进行反思,既有对问题的分析,又有改进项目的相关策略				

项 目 实 训

一、选择题

1. 首次调用 wx.navigateTo()从 PageA 页面跳转到 PageB 页面,下面不会被调用的生命周期函数是（　　）。

  A．onUnload()　　　　　　　　　　B．onHide()
  C．onLoad()　　　　　　　　　　　D．onShow()

2. （多选）下列属于参数传值的方法的是（　　）。

  A．给布局元素添加 data-*属性来传递我们需要的值
  B．通过 e.currentTarget.id 获取设置的 id 值
  C．通过设置全局对象的方式来传递数值
  D．在 navigator 中添加参数传值

3. 关于小程序的路由,说法错误的是（　　）。

  A．wx.navigateTo():保留当前页面,跳转到应用内的某个页面,能跳到 tabBar 页面
  B．wx.redirectTo():关闭当前页面,跳转到应用内的某个页面,但是不允许跳转到 tabBar 页面
  C．wx.switchTab():跳转到 tabBar 页面,并关闭其他所有非 tabBar 页面
  D．wx.reLaunch():关闭所有页面,打开应用内的某个页面

4. this.data 赋值语句和 this.setData({})赋值方式的区别是（　　）。
   A．this.data 赋值语句只改变变量的值，this.setData({})既改变变量的值又会更新视图
   B．this.data 赋值语句不改变变量的值，this.setData({})只改变变量的值不会更新视图
   C．this.data 赋值语句只改变变量的值，this.setData({})只改变变量的值不会更新视图
   D．this.data 赋值语句只改变变量的值，this.setData({})既不改变变量的值又不会更新视图

二、综合实训

编码实现图 5-21、图 5-22 所示的新闻列表页效果、新闻详情页效果。

图 5-21　新闻列表页效果

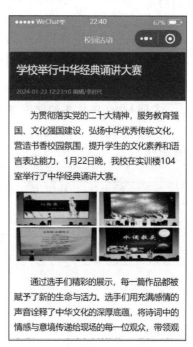
图 5-22　新闻详情页效果

项目6 商品页面模块开发

  教学导航

学习目标

1. 掌握小程序滑动事件的定义与使用方法。
2. 掌握自定义组件的创建与使用方法。
3. 掌握利用 picker 组件设置商品选项功能。
4. 了解 iconfont 图标库的使用方法和技巧。

素质园地

1. 培养学生的自主学习能力,根据特点选取与商品分类、商品列表、商品详情等相关的资源,采用观看视频或动画的方式,开展个性化自主学习并完成测试。

2. 培养学生的发散思维和聚合思维。组件创建的讲解过程,也是发散思维和聚合思维形成过程,在已学各类小程序组件的基础上,进行自定义组件的设计分析,培养创新思维。

职业素养

1. 扫码观看视频"软件工程师——核心价值观",了解软件开发岗位的核心价值观实践思维方式的形式和核心理念,结合数据库专业课程的具体案例实践演练,让学生清楚意识到实践思维的重要性。

软件工程师——核心价值观

2. 课后反思回顾,记录学习收获及体会,进一步思考如何完善核心价值观,并在今后的学习生活中努力践行,进一步提高思想觉悟。

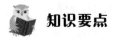
知识要点

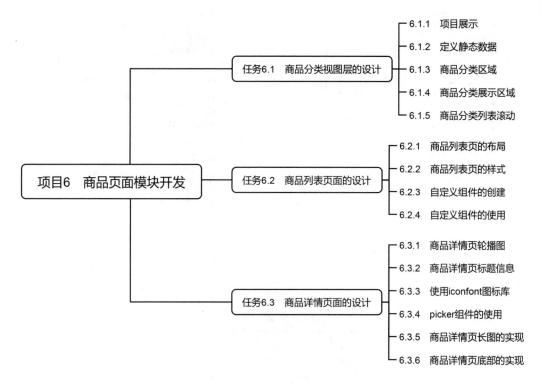

图 6-1　本项目知识要点

在小程序开发中，商品模块一般包括商品分类列表、商品列表、商品详情、商品评价等，小程序提供了各类 API 和组件，为实现商品模块提供了便利。掌握了这些 API 和组件的使用，即可完成商品模块功能的开发。本项目将通过"梅园—商品页面"讲解商品分类的布局、组件的创建与使用、picker 组件等各类商品页面所需要的功能。

任务 6.1　商品分类视图层的设计

6.1.1　项目展示

本项目配套源代码提供了商品页面，读者可以使用微信开发者工具打开该页面，查看项目的运行结果，如图 6-2～图 6-4 所示。

商品分类页面主要包括左边商品分类和右边分类商品列表。用户可以通过点击或者滑动操作查看右边的商品。

商品分类视图层的设计

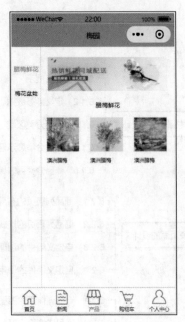
图 6-2　商品分类页效果

图 6-3　商品列表页效果

图 6-4　商品详情页效果

【示例 6-1】设计商品分类页面的整体布局。

在 pages/goodsCate/ goodsCate.wxml 文件中编写页面布局代码，将页面分成左右两个区域。具体代码如下。

```
<view class="goods-main">
    <scroll-view class="left" ></scroll-view>
    <scroll-view class="right" ></scroll-view>
</view>
```

在上述代码中，外层<view>标签里包含了两个子容器：left 和 right，分别对应页面的左边商品分类和右边分类商品列表。

6.1.2 定义静态数据

定义静态数据

【示例 6-2】根据商品分类页面的功能，定义商品分类页面静态数据。

打开 pages/goodsCate/goodsCate.js 文件，在 data 对象中定义静态数据 cateList，其主要用于展示商品分类和商品信息，限于篇幅问题，读者可以自行将 cateList 数据定义得更加丰富完整。具体代码如下。

```
Page({
    data: {
        leftIndex: 0,           //左边分类索引值
        rightView: '',          //右边商品对应的编号
        windowHeight: '',       //窗口的高度
        cateList: [{
            id: 'goods1',
            banner: 'https://www.uhlocal.com/images/ban1.jpg',
            catename: "腊梅鲜花",
            goods_list: [{
                item_img: 'https://www.uhlocal.com/images/goods1.jpg',
                item_title: '澳洲腊梅'
            }]
        }, {
            id: 'goods2',
            banner: 'https://www.uhlocal.com/images/ban2.jpg',
            catename: "梅花盆栽",
            goods_list: [{
                item_img: 'https://www.uhlocal.com/images/goods2.jpg',
                item_title: '梅花树苗'
            }]
        }]
    }
})
```

在上述代码中，leftIndex 指左边分类索引值，rightView 指右边商品对应的编号，windowHeight 指窗口的高度。cateList 是分类商品信息，其中，id 是每条记录的标识，对应右边区域 scroll-view 组件 scroll-into-view 的属性值，该值应为子元素的 id 值（id 不能以数字开头），设置哪个方向可滚动，则在哪个方向滚动到该元素。banner 是栏目图，catename 是页面左边的分类名称，goods_list 是右边商品信息，其中包括商品缩略图 item_img 和商品名称 item_title。

6.1.3 商品分类区域

商城小程序的商品分类页面可以是普通分类列表,也可以使用滚动列表的效果,其包括 3 种功能:列表滑动效果、滑动切换分类以及点击分类跳转到相应的分类位置。

滚动列表实现思路是使用官方组件 scroll-view,给每个分类(子元素)添加锚点,然后记录每个分类项的高度,监听 scroll-view 组件滚动事件,实现分类的跳转,如图 6-5 所示。

图 6-5 商品分类页效果

【示例 6-3】实现点击商品分类跳转功能。

打开 pages/goodsCate/goodsCate.wxml 文件,编辑左边商品分类区域,具体代码如下。

商品分类区域

```
<view class="goods-main">
    <scroll-view class="left" scroll-with-animation="true" scroll-y style="height: {{windowHeight}}px;">
        <view wx:for="{{cateList}}" wx:key="id" bindtap="handleCategory" data-index="{{index}}">
            <text class="cate-name {{leftIndex==index?'active':''}}"> {{ item.catename }}</text>
        </view>
    </scroll-view>
</view>
```

打开 pages/goodsCate/goodsCate.wxss 文件,编写样式,具体代码如下。

```
.goods-main{
    display: flex;
    width: 100%;
    height: 100%;
```

```
    background-color: #fff;
}
.left{
    display: flex;
    flex-direction: column;
    width: 160rpx;
    border-right: 1rpx solid #dcdcdc;
    text-align: center;
}
.cate-name{
    display: inline-block;
    margin-top: 40rpx;
    font-size: 28rpx;
}
.cate-name.active{
    font-size: 30rpx;
    color: #f60;
}
```

在实际应用中，经常会遇到小程序在不同机型的兼容适配问题，为解决该问题，需要获取系统信息。小程序提供了 wx.getWindowInfo()和 wx.getSystemInfo(Object object)接口，使用这些接口可以获取系统信息。wx.getWindowInfo()参数见表 6-1。

表 6-1 wx.getWindowInfo()参数

参数	类型	说明
pixelRatio	Number	设备像素比
screenWidth	Number	屏幕宽度，单位为 px
screenHeight	Number	屏幕高度，单位为 px
windowWidth	Number	可使用窗口宽度，单位为 px
windowHeight	Number	可使用窗口高度，单位为 px
statusBarHeight	Number	状态栏的高度，单位为 px
safeArea	Object	在竖屏正方向下的安全区域，可取值包括 left、right、top、bottom、width、height
screenTop	Number	窗口上边缘的 y 值

在本例中，使用 windowHeight 属性获取 scroll-view 可以滚动的窗口高度，具体代码如下。

```
Page({
    onLoad: function (options) {
        var that=this
        const windowInfo=wx.getWindowInfo()
        that.setData({
```

```
            windowHeight: windowInfo.windowHeight
        })
    }
})
```

handleCategory()函数通过 e.currentTarget.dataset.index 获取当前点击事件的索引值,并将其与定义的 leftIndex 值进行比较,如果两者不相等,则将点击事件的索引值赋给 leftIndex,并且将 rightView 的值设置为 cateList 对应的商品信息。具体代码如下。

```
Page({
    handleCategory: function (e) {
        var index=e.currentTarget.dataset.index
        if (index !=this.data.leftIndex) {
            this.setData({
                leftIndex: index,
                rightView: this.data.cateList[index].id
            })
        }
    }
})
```

6.1.4 商品分类展示区域

【示例 6-4】实现商品分类展示区域滚动效果。

打开 pages/goodsCate/goodsCate.wxml 文件,编辑右边商品区域。右边商品区域也使用 scroll-view 组件实现滚动效果,具体代码如下。

商品分类展示区域

```
<view class="goods-main">
    <scroll-view class="left" >[代码略]</scroll-view>
    <scroll-view class="right" bindscroll="rightScroll" scroll-with-animation="true"
        scroll-into-view="{{rightView}}" scroll-y style="height: {{windowHeight}}px;">
        <view class="content" wx:for="{{cateList}}" wx:key="id" id="{{item.id}}">
            <view class="content-image">
                <image src="{{item.banner}}"></image>
            </view>
            <view class="cate-list" >
                <view class="cate-title">{{ item.catename }}</view>
                <view class="goods-list">
                    <view class="goods-list-item" wx:for="{{item.goods_list}}" wx:key="id">
                        <image src="{{item.item_img}}"></image>
                        <text>{{ item.item_title }}</text>
                    </view>
                </view>
            </view>
        </view>
    </scroll-view>
</view>
```

打开 pages/goodsCate/goodsCate.wxss 文件，编辑右边分类商品样式，具体代码如下。

```css
.right{
    display: flex;
    flex-direction: column;
    margin-top: 40rpx;
}
.content{
    margin-top: 5rpx;
}
.content-image{
    height: 150rpx;
    display: flex;
    justify-content: center;
}
.content-image image{
    width: 90%;
    height: 100%;
}
.cate-list{
    margin-top: 20rpx;
    height: 100vh;
}
.cate-list:nth-child(1){
    margin-top: 0rpx;
}
.cate-list .cate-title{
    height: 90rpx;
    line-height: 90rpx;
    font-size: 30rpx;
    margin-top: 0rpx;
    text-align: center;
}
.goods-list{
    display: flex;
    flex-wrap: wrap;
}
.goods-list-item{
    display: flex;
    flex-direction: column;
    align-items: center;
    width: 150rpx;
    height: 150rpx;
    margin: 14rpx 26rpx;
}
```

```css
.goods-list-item image{
    display: inline-block;
    width: 150rpx;
    height: 150rpx;
    background-color: #dcdcdc;
}
.goods-list-item text{
    display: inline-block;
    font-size: 24rpx;
    margin-top:16rpx;
}
```

6.1.5 商品分类列表滚动

在右侧商品区域，当滚动条滚动到其他分类的商品时，左边的分类名称仍然处于原来的名称。这一小节介绍使用 WXML 常用 API 解决上述问题的方法。在小程序中，可以通过 wx.createSelectorQuery()获取页面元素，返回一个 SelectorQuery 对象实例。boundingClientRect()方法可以获取某个节点的布局位置和尺寸信息，以像素为单位。举例说明 wx.createSelectorQuery()的使用方法。

```js
const query = wx.createSelectorQuery()
query.select('#the-id').boundingClientRect()
query.selectViewport().scrollOffset()
query.exec(function(res){
    res[0].top          // #the-id 节点的上边界坐标
    res[1].scrollTop    // 显示区域的竖直滚动位置
```

接下来，使用以上两个函数获取右侧每一类商品节点的上边界坐标。

【示例 6-5】实现商品分类名称与商品滑动切换功能。

打开 pages/goodsCate/goodsCate.js 文件，编写代码，获取页面的顶部区域值，具体代码如下。

商品分类列表滚动

```js
Page({
    data: {
        rightTop: [],    //右侧每一类商品节点的上边界坐标
    },
    onLoad: function (options) {
        var that = this
        that.data.cateList.forEach(function (item) {
            wx.createSelectorQuery().select('#' + item.id)
                .boundingClientRect(function (rect) {
                    if (rect) {
                        var top = Number(rect.top)
                        that.data.rightTop.push(top)
                    }
                }).exec()
```

```
        })
    }
})
```

打开 pages/goodsCate/goodsCate.js 文件，利用 rightScroll()函数对右侧每一个商品节点的顶部坐标与滚动时产生的坐标进行判断比较，具体代码如下。

```
Page({
    data: {
        rightScrollHeight:"                            //右侧滚动的高度
    },
    rightScroll:function(e){
        var that=this
        that.setData({
            rightScrollHeight:e.detail.scrollTop      //获取右侧滚动区域的坐标
        })
        var length=that.data.rightTop.length          //获取右侧节点的长度
        for(var i=0;i<length;i++){
            var scrollTop=that.data.rightScrollHeight //右侧滚动区域的坐标
            var topFirst=that.data.rightTop[0]        //首个节点的 top 坐标值
            var top=that.data.rightTop[i]             //获取索引为 i 节点的 top 坐标值
            if(i<length-1){                           //不包括最后一个值
                var topNext=that.data.rightTop[i+1]   //当前索引为 i 的下一个节点的 top 坐标值
                if(scrollTop>=top-topFirst && scrollTop<topNext-topFirst ){
                    if(that.data.leftIndex!=i){
                        that.setData({
                            leftIndex:i })
                    }}
            }
            if(i==length-1){                          //判断是否为最后一个节点
                if(scrollTop>=top-topFirst ){
                    if(that.data.leftIndex!=i){
                        that.setData({
                            leftIndex:i })
                    }}}
        }
    }
})
```

任务 6.2 商品列表页面的设计

本任务主要讲述商品列表页的设计与开发，商品列表页的框架的选择与设计。商品列表，指固定列表项的样式后，根据数据显示的多少使用列表渲染方式，按照固定样式依次展示的页面。

6.2.1 商品列表页的布局

商品列表页的布局

【示例 6-6】定义商品列表数据，实现商品列表页的布局，如图 6-6 所示。

图 6-6 商品列表设计

打开 pages/goodsList/goodsList.js 文件，定义静态数据，包括商品的图片、标题和价格，读者可以自行增加商品数据，具体代码如下。

```
Page({
    data: {
        goodsList:[{
            goodsImage: /images/goods/goods1.jpg,
            goodsTitle:'大花澳洲腊梅鲜花复古色云南昆明基地直发鲜花家用办公室水养',
            goodsPrice:88,
        }]
    }
})
```

打开 pages/goodsList/goodsList.wxml 文件，使用 wx:for 循环读取 goodsList 数据，渲染到视图层，具体代码如下。

```
<navigator url="/pages/goodsDetail/goodsDetail">
    <view class='goods-item' wx:for="{{goodsList}}" wx:key="id">
        <image class='goods-img' src='{{item.goodsImage}}'></image>
        <view class='goods-info'>
            <text class='goods-title'>{{item.goodsTitle}}</text>
            <text class='goods-price'>¥{{item.goodsPrice}}</text>
            <view class="stars-cart">
                <image class="cart" src="/images/tabs/cart-active.png"></image>
            </view>
        </view>
    </view>
</navigator>
```

6.2.2 商品列表页的样式

商品列表页的样式

【示例 6-7】实现商品列表页的样式。

打开 pages/goodsList/goodsList.wxss 文件，实现商品列表页的样式，具体代码如下。

```css
page{
    background-color: #eee;
}
.goods-item{
    background-color: #fff;
    padding: 20rpx;
    border-bottom: 1rpx solid #ddd;
    display: flex;
    margin: 15rpx;
    border-radius: 15rpx;
}
.goods-img{
    width:380rpx;
    height: 240rpx;
    margin-right: 20rpx;
    border-radius: 15rpx;
}
.goods-info{
    display: flex;
    flex-direction: column;
    font-size: 12px;
    color: #666;
    line-height: 1.5;
}
.goods-title{
    font-size: 16px;
    color: #333;
}
.goods-price{
    margin: 25rpx 0;
    font-size: 16px;
    color: #f60;
}
.stars-cart{
    display: flex;
    justify-content: space-between;
    align-items: center;
}
.cart{
    width: 40rpx;
    height: 40rpx;
    overflow: hidden;
}
```

6.2.3 自定义组件的创建

自定义组件的创建

在开发小程序页面时,可以将功能模块抽象成自定义组件,以便在不同的页面中重复使用;也可以将复杂的页面拆分成多个低耦合的模块,有助于代码维护。自定义组件在使用时与基础组件非常相似。

使用 Component(Object object)创建自定义组件,其接收一个 Object 类型的参数,具体参数见表 6-2。

表 6-2 Component()函数参数

参数	类型	是否必填	描述
properties	Object Map	否	组件的对外属性,是属性名到属性设置的映射表
data	Object	否	组件的内部数据,和 properties 一同用于组件的模板渲染
observers	Object	否	组件数据字段监听器,用于监听 properties 和 data 的变化
methods	Object	否	组件的方法,包括事件响应函数和任意的自定义方法
behaviors	String Array	否	类似于 mixins 和 traits 的组件间代码复用机制
created	Function	否	组件生命周期函数,在组件实例刚刚被创建时执行,注意此时不能调用 setData()函数
attached	Function	否	组件生命周期函数,在组件实例进入页面节点树时执行
ready	Function	否	组件生命周期函数,在组件布局完成后执行
moved	Function	否	组件生命周期函数,在组件实例被移动到节点树另一个位置时执行
detached	Function	否	组件生命周期函数,在组件实例从页面节点树被移除时执行
relations	Object	否	组件间关系定义
externalClasses	String Array	否	组件接受的外部样式类
options	Object Map	否	一些选项(文档中介绍相关特性时会涉及具体的选项设置,这里暂不列举)
lifetimes	Object	否	组件生命周期声明对象
pageLifetimes	Object	否	组件所在页面的生命周期声明对象
definitionFilter	Function	否	定义段过滤器,用于自定义组件扩展

类似于页面,一个自定义组件由.js、.json、.wxml、.wxss 这 4 个文件组成。在资源管理器中,单击"新建文件"按钮,创建名为 components 的文件夹,此文件夹中可以放置项目的多个组件。

【示例 6-8】使用自定义组件,为每一个商品增加一个星星组件。

在 components 文件夹下新建 stars 文件夹,用于存放星星组件,并创建.js、.json、.wxml、.wxss 这 4 个文件,如图 6-7 所示。

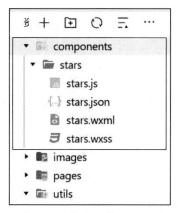

图 6-7 自定义组件文件列表

打开 components/stars/stars.json 文件,进行自定义组件声明,将 component 字段设为 true。

{ "component": true }

打开 components/stars/stars.js 文件,在 properties 中定义对外的属性列表,用来接收外界传递到组件中的数据。rate 定义评价分数,starsize 定义评价星星的大小,fontsize 定义评价分数的字体大小,fontcolor 定义评价分数的字体颜色,istext 用于判断给出的评价分数是否为数字。具体代码如下。

```
Component({
    properties: {
        rate:{ type:Number, value:0 },
        starsize:{ type:Number, value:20 },
        fontsize:{ type:Number, value:20 },
        fontcolor:{ type:String, value:"#ccc" },
        istext:{ type:Boolean, value:true }
}})
```

打开 components/stars/stars.wxml 文件,编写星星组件的布局。lights 表示全亮星星的个数,halfs 表示半亮星星的个数,grays 表示灰色星星的个数。具体代码如下。

```
<view class="rate-group">
    <image style="width:{{starsize}}rpx;height:{{starsize}}rpx;"
            wx:for="{{lights}}" wx:key="id"   src="/images/others/rate_light.png"></image>
    <image style="width:{{starsize}}rpx;height:{{starsize}}rpx;"
            wx:for="{{halfs}}" wx:key="id" src="/images/others/rate_half.png"></image>
    <image style="width:{{starsize}}rpx;height:{{starsize}}rpx;"
            wx:for="{{grays}}" wx:key="id" src="/images/others/rate_gray.png"></image>
    <text wx:if="{{istext}}" style="font-size:{{fontsize}}rpx;color:{{fontcolor}};">
            {{ratetext}}</text>
</view>
```

打开 components/stars/stars.wxss 文件,编写星星组件的样式,具体代码如下。

```
.rate-group{
    display: flex;
```

```css
        align-items: center;
        font-size: 20rpx;
        color: #ccc;
}
.rate-group text{
        padding :0 0rpx 20rpx 10rpx;
}
.rate-group image{
        width: 20rpx;
        height: 20rpx;
}
```

打开 components/stars/stars.js 文件，在其中定义组件生命周期声明对象 lifetimes，评价分数为 0～10 分，使用星星（0～5 颗）显示不同分值。根据给出的评价分数，计算全亮星星、半亮星星和灰色星星的个数。具体代码如下。

```javascript
lifetimes:{
    attached:function(){
        var that=this;
        var rate=that.properties.rate;
        var intRate=parseInt(that.properties.rate);          //取整
        var light=parseInt(intRate/2);                        //全亮星星，取整
        var half=parseInt(intRate%2);                         //半亮星星，取整
        var gray=5-light-half;                                //灰色星星
        var lights=[];
        var halfs=[];
        var grays=[];
        for (var index=1;index<=light;index++){
            lights.push(index);
        }
        for (var index=1;index<=half;index++){
            halfs.push(index);
        }
        for (var index=1;index<=gray;index++){
            grays.push(index);
        }
        var ratetext=rate &&rate>0 ?rate.toFixed(1):"未评分";
        that.setData({
            lights:lights,
            halfs:halfs,
            grays:grays,
            ratetext:ratetext
        })
    }
}
```

6.2.4 自定义组件的使用

自定义组件的使用

【示例 6-9】在商品列表页引入自定义组件，组件效果如图 6-8 所示。

打开 pages/goodsList/goodsList.json 文件，引入星星组件，具体代码如下。

```
{
    "usingComponents": {
        "stars": "/components/stars/stars"
    }
}
```

打开 pages/goodsList/goodsList.wxml 文件，在 class="stars-cart"的视图里添加星星组件，并传入评价分数为"7"、星星大小为"24"、分数字体大小为"35"的 3 个参数，测试星星组件的使用效果。具体代码如下。

```
<view class="stars-cart">
    <stars rate="7" starsize="24" fontsize="35"></stars>
    <image class="cart" src="/images/cart-active.png"></image>
</view>
```

图 6-8　组件效果

任务 6.3　商品详情页面的设计

商品详情页是对商品进行详细描述介绍的页面，详情页的设计极有可能会对用户的购买行为产生直接影响。因此，商品详情页应在美观、实用的基础上，将要表达的信息尽可能地用直观视角展现出来。

建议整个页面采用统一的配色和风格，对商品的各部分属性进行分步骤介绍，清晰明了。商品详情页面的长度不宜过长，过长会导致页面加载速度变慢，特别是在手机端，会消耗大量的手机流量，也会让用户产生视觉疲劳。一般来说，手机端的商品详情页面需要控制在 10 屏以内。

6.3.1 商品详情页轮播图

商品详情页轮播图

轮播图在项目 4 已经有所介绍，读者可以依据所学内容加强对轮播图的应用。商品详情页的轮播图用于播放商品的部分细节图片，小程序可以获取商品轮播图的数量以及当前播放的图片索引值，效果如图6-9所示。

图 6-9　商品轮播图效果

【示例 6-10】实现商品详情页的轮播图，并显示图片的索引值。

打开 pages/goodsDetail/goodsDetail.js 文件，在 data 对象中定义轮播图所需要的静态数据，具体代码如下。

```
Page({
    data: {
        swiperList: ['https://www.uhlocal.com/images/goods1.jpg',
                     'https://www.uhlocal.com/images/goods2.jpg',
                     'https://www.uhlocal.com/images/goods3.jpg' ],
        indicatorDots: true,
        autoplay: true,
        interval: 2000,
        duration: 1000,
        currentIndex:0       //定义轮播图当前的索引值
    }
})
```

打开 pages/goodsDetail/goodsDetail.wxml 文件，实现商品详情页轮播图的布局。其中样式为 tips 的容器是轮播图页码值。具体代码如下。

```
<view class="swiper">
    <swiper bindchange="swiperChange" class='wx-swiper' indicator-dots="{{indicatorDots}}"
        autoplay="{{autoplay}}" interval="{{interval}}" indicator-color="#ffffff"
        indicator-active-color="#ff9801" duration="{{duration}}">
        <block wx:for="{{swiperList}}" wx:key="id">
            <swiper-item>
                <image src="{{item}}" class="slide-image"/>
            </swiper-item>
        </block>
    </swiper>
    <view class="tips">
        <text>1/3</text>
    </view>
</view>
```

打开 pages/goodsDetail/goodsDetail.wxss 文件，实现商品详情页轮播图的样式，其中 swiper 父容器使用相对定位，tips 子容器使用绝对定位，这样轮播图的页码显示在图片右下方。具体代码如下。

```css
page{
    background-color: #eee;
}
.wx-swiper, .slide-image, .swiper{
    width: 100%;
    height: 750rpx;
    position: relative;
}
.tips{
    position: absolute;
    right: 40rpx;
    bottom: 40rpx;
    background:#333;
    opacity: 0.6;
    padding: 0 20rpx;
    border-radius: 20rpx;
    color: #fff;
}
```

打开 pages/goodsDetail/goodsDetail.js 文件，实现在页面加载事件函数 onLoad()中获取轮播图的数量。具体代码如下。

```js
onLoad: function (options) {
    let totalCount=this.data.swiperList.length
    this.setData({
        totalCount: totalCount
    })
}
```

实现轮播图切换时触发 Change 事件，获取当前轮播图的索引值。具体代码如下。

```js
swiperChange:function(e){
    let currentNum=e.detail.current;
    this.setData({
        currentIndex:currentNum
    })
},
```

打开 pages/goodsDetail/goodsDetail.js 文件，currentIndex 的初始值为 0，而轮播图进行切换时，需要 currentIndex 做加 1 的运算，绑定 totalCount 和 currentIndex 的值。具体代码如下。

```html
<view class="tips">
    <text>{{currentIndex+1}}/{{totalCount}}</text>
</view>
```

6.3.2 商品详情页标题信息

商品详情页标题信息

商品标题信息通过"品牌名+产品名+产品特征/型号"等格式对商品本身进行描述，这便于用户理解商品，也是商城内最重要的搜索项目，如图 6-10 所示。

图 6-10 商品标题信息

【**示例 6-11**】为商品添加商品名称、价钱、销量等标题信息。

打开 pages/goodsDetail/goodsDetail.wxml 文件，编写代码，其中，goodsinfo-top 子容器包括了商品名称和转发图标，goods-sale 子容器包括了价格和优惠标签两部分。具体代码如下。

```
<view class="goodsinfo">
    <view class='goodsinfo-top'>
        <view class='goods-title'>大花澳洲腊梅鲜花复古色...</view>
        <view class="iconfont icon-share"></view>
    </view>
    <view class='goods-sale'>
        <view class="goods-price">
            <text class='cprice'>￥99</text>
            <text class='oprice'>￥129</text>
            <text class='snum'>销量：126 件</text>
        </view>
        <view class="tags-list">
            <text>金币可抵 0.54 元起</text>
            <text>店铺券满 78 减 5</text>
        </view>
    </view>
</view>
```

打开 pages/goodsDetail/goodsDetail.wxss 文件，实现商品详情页标题样式，具体代码如下。

```
.goodsinfo{
    background-color: #fff;
}
.goodsinfo-top{
    padding: 10rpx;
```

```
        margin: 5rpx;
        display: flex;
}
.goods-sale{
    padding: 20rpx 10rpx;
}
.cprice{
    color: #f00;
    font-size: 24px;
}
.oprice{
    color: #ccc;
    font-size: 16px;
    padding: 0 30rpx;
    text-decoration: line-through;
}
.snum{
    color: #ccc;
    font-size: 14px;
}
.tags-list text{
    padding: 10rpx 20rpx;
    background: #f60;
    font-size: 20rpx;
    color: #fff;
    text-align: center;
    border-radius: 8rpx;
    margin-right: 20rpx;
    margin-bottom: 10rpx;
}
```

6.3.3 使用 iconfont 图标库

使用 iconfont 图标库

阿里巴巴提供了 iconfont 图标库，可以其在官方网站上将需要的图标放入购物车，iconfont 会打包购物车里的图标，自动生成一种新的字体，可以选择将其下载到本地，并在小程序项目中引入这种字体，这样即便没有网络，也可以使用图标。

登录 iconfont 官方网站，将图标加入购物车后，新建项目，将素材和代码添加至相应项目。打开所在的项目，可以将图标生成 CSS 文件，如图 6-11 所示。

下载字体图标的 CSS 文件后，将 CSS 文件里的内容放入小程序项目的公共样式文件 app.wxss 文件中，具体操作如图 6-12 所示。

图 6-11 图标加入购物车

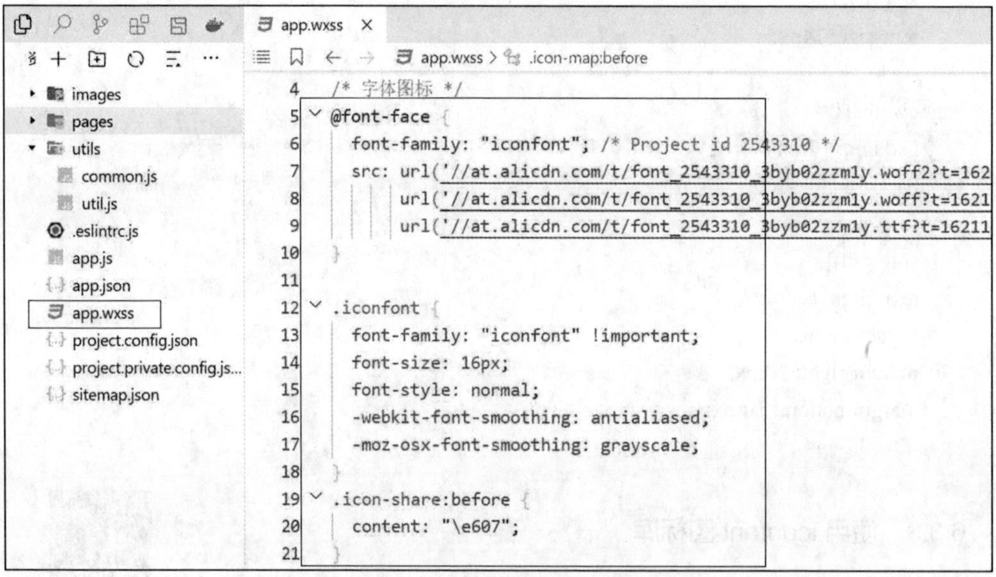

图 6-12 将字体图标放入项目

【示例 6-12】使用 iconfont 图标库，为商品详情页标题添加字体图标。

打开 pages/goodsDetail/goodsDetail.wxml 文件，在商品详情页标题的右边添加字体图标。需要添加 iconfont、icon-share 两个字体图标，具体代码如下。

```
<view class='goodsinfo-top'>
    <view class='goods-title'>大花澳洲腊梅鲜花复古色...</view>
    <view class="iconfont icon-share"></view>
</view>
```

6.3.4 picker 组件的使用

除了表 3-9 所示的通用属性,对于不同的 mode,picker 拥有不同的属性,见表 6-3。

picker 组件的使用

表 6-3 picker 组件的其他属性

属性	类型	默认值	说明
range	Array/Object Array	[]	mode 为 selector 或 multiSelector 时,range 有效
range-key	String		当 range 是一个 Object Array 时,通过 range-key 来指定 Object 中 key 的值作为选择器显示内容
value	Number	0	表示选择了 range 中的第几个(下标从 0 开始)
bindchange	Eventhandle		value 改变时触发 change 事件,event.detail={value}

【示例 6-13】使用 picker 组件,实现一个颜色选择器,如图 6-13 所示。

图 6-13 picker 组件实现颜色选择器

打开 pages/goodsDetail/goodsDetail.js 文件,在 data 对象里定义 3 个静态数据,pickerIndex 表示滚动选择器选项的索引值,显示选择了 range 属性中的第几个(下标从 0 开始);array 表示选项值;arraycolor 表示 text 组件的背景颜色值。具体低码如下。

```
Page({
    data: {
        pickerIndex: 0,
        array: ['红色', '黄色', '粉色', '白色'],
        arraycolor: ['#FF0000', '#FFFF00', '#FFC0CB', '#FFFFFF'],
    }
})
```

打开 pages/goodsDetail/goodsDetail.wxml 文件,使用 picker 组件实现颜色选择器,具体代码如下。

```
<view class='pickerPanel'>
    <text>请选择颜色: </text>
    <picker bindchange="pickerChange" value="{{pickerIndex}}" range="{{array}}">
        <view class='chooseColor'>
            <view><text class='color' style='background-color:{{arraycolor[pickerIndex]}};
                color:{{arraycolor[pickerIndex]}};'>口.</text>
                <text>{{array[pickerIndex]}}</text>
            </view>
            <view><image src='/images/morec.png'></image> </view>
        </view>
```

```
        </picker>
</view>
```

打开 pages/goodsDetail/goodsDetail.wxss 文件,实现样式,具体代码如下。

```css
.pickerPanel{
    display: flex;
    justify-content: flex-start;
    align-items: center;
    width: 100%;
    padding: 10rpx;
    background-color: #fff;
    font-size:28rpx;
}
.pickerPanel view{
    text-align: center;
    color: #000;
    line-height: 80rpx;
    justify-content: space-between;
}
.pickerPanel picker{
    width:300rpx;
}
.chooseColor {
    display: flex;
    flex-direction: row;
    flex: 0 1 50%;
}
.color{
    width: 30rpx;
    height:30rpx;
    border: 1px #000 solid;
    margin-right: 15rpx;
}
.chooseColor image{
    width:27rpx;
    height:16rpx;
}
.chooseColor picker view{
    line-height: 80rpx;
    text-align: center;
    margin-left: 15rpx;
}
```

打开 pages/goodsDetail/goodsDetail.js 文件,实现 pickerChange 事件,具体代码如下。

```js
pickerChange: function (e) {
    this.setData({ pickerIndex: e.detail.value    })
}
```

6.3.5 商品详情页长图的实现

商品详情页是商家发布商品的重要页面，在商品详情页上突出
展示商品的卖点和特色功能，如特殊颜色、材质或功能等，可让用户

商品详情页长图的实现
快速了解到商品的独特之处。详情页切图是指将制作好的一整张宝贝详情页使用工具进行
切片，分割成一小张一小张的图片。切图之后，图片就会自上而下快速加载。

【示例 6-14】实现商品详情页长图。

打开 pages/goodsDetail/goodsDetail.wxml 文件，实现页面布局，具体代码如下。

```
<view class="goods-detail">
    <block>
        <image mode="widthFix" src=src="/images/goods/goodsDetail.jpg"></image>
    </block>
</view>
```

打开 pages/goodsDetail/goodsDetail.wxss 文件，实现页面样式，具体代码如下。

```
.goods-detail{
    padding-bottom: 110rpx;
}
.goods-detail image{
    width: 100%;
}
```

6.3.6 商品详情页底部的实现

商品详情页底部有 5 个操作按钮，可将其分成 2 组，其中左侧
的图标按钮通过 flex:0.5 分配在主轴的位置，右侧"加入购物车""立
即购买"图标按钮设置为 flex:1，通过调整 flex 值，达到不等分的效果，如图 6-14 所示。

商品详情页底部的实现

图 6-14 详情页底部效果

【示例 6-15】实现商品详情页底部操作栏。

打开 pages/goodsDetail/goodsDetail.wxml 文件，实现页面布局，具体代码如下。

```
<view class="product-bottom">
    <view class="bottom-nav" bindtap="backTohome">
        <view class="iconfont icon-home"></view>
        <view>首页</view>
    </view>
    <view class="bottom-nav" bindtap="onCall">
        <view class="iconfont icon-weixin"></view>
        <view>客服</view>
    </view>
```

```
        <view class="bottom-nav" bindtap="addToCart">
            <text class="badge" wx:if="{{buyNum>0}}">{{buyNum}}</text>
            <view class="iconfont icon-cart"></view>
            <view>购物车</view>
        </view>
            <view class="add-cart" bindtap="addCart">加入购物车</view>
            <view class="add-buy">立即购买</view>
</view>
```

打开 pages/goodsDetail/goodsDetail.wxss 文件，实现页面样式，具体代码如下。

```
.product-bottom{
    width: 100%;
    height: 100rpx;
    display: flex;
    position: fixed;
    left: 0;
    bottom: 0;
    background: #fff;
    padding-top: 5rpx;
}
.bottom-nav{
    display: flex;
    flex-direction: column;
    flex:0.5;
    justify-content: center;
    align-items: center;
    font-size: 28rpx;
    position: relative;
}
.add-cart{
    flex: 1;
    text-align: center;
    line-height:100rpx;
    font-size: 36rpx;
    background:#ffa900 ;
    color: #fff;
}
.add-buy{
    flex: 1;
    text-align: center;
    line-height:100rpx;
    font-size: 36rpx;
    background: #fe7302;
    color: #fff;
}
```

```
.badge{
    width: 30rpx;
    height: 30rpx;
    position: absolute;
    top: 5rpx;
    left: 65rpx;
    font-size: 22rpx;
    font-weight: 600;
    text-align: center;
    background: #f60;
    border-radius: 16rpx;
    padding: 0 5rpx;
}
```

打开 pages/goodsDetail/goodsDetail.js 文件，实现 backTohome()函数，具体代码如下。

```
backTohome:function(){
    wx.switchTab({
        url: '/pages/index/index',
    })
}
```

wx.makePhoneCall(Object object)实现拨打电话的功能，其属性见表 6-4。

表 6-4　wx.makePhoneCall()函数属性

属性	类型	是否必填	描述
phoneNumber	String	是	需要拨打的电话号码
success	Function	否	接口调用成功的回调函数
fail	Function	否	接口调用失败的回调函数
complete	Function	否	接口调用结束的回调函数

打开 pages/goodsDetail/goodsDetail.js 文件，在 onCall 函数中调用 wx.makePhoneCall()实现拨打电话的功能，使用 phoneNumber 参数填写需要拨打的电话号码。在 addToCart 函数中调用 wx.switchTab()函数，实现带有 tabBar 页面间的跳转。

```
onCall:function(){
    wx.makePhoneCall({
        phoneNumber:'400-123-124'
    })
}
addToCart:function(){
    wx.switchTab({
        url: '/pages/cart/cart',
    })
}
```

项目小结

本项目讲解了商品分类页、商品列表页、商品详情页的创建，以及列表页与详情页的数据对接。商品分类页嵌入了菜单滑动事件，商品列表页中包括自定义组件的创建与使用。商品详情页中包括轮播图翻页、iconfont 图标库、picker 组件等知识，让读者加深对各类组件的理解与应用。本项目通过实现具体的功能，读者能更好地理解各类 API 属性与使用方法。

学习评价

创新是对真理的发展，是对实践的推进，是一个民族进步的灵魂，是社会发展的动力。创新不是一种时尚，它是生存与发展的需要。在项目开发过程中，创新能力是必不可少的，读者评价自己在项目创新方面的能力，并完成表 6-5。

表 6-5 创新实践量表

评价内容	评价等级			
	非常满意	满意	一般	不满意
能引导项目主题，提高主题新颖性和加快项目开发进度的提升				
擅长发现新的方法去解决项目设计过程中的问题				
能进一步补充完善其他同学的观点和思路				
对自己创造性解决问题的能力有信心				
会通过寻找实用的类比或对比，给自己新的思考方向				
喜欢把松散的创意变为具体切实的结果				
能利用一系列技巧来快速转换程序代码思路				
喜欢探索代码的运行过程，尝试优化代码				

项目实训

一、选择题

1. （多选）小程序是通过（　　）方式实现动态改变样式的。
   A. 提供修改样式的 API　　　　　　B. 使用 WXML 语言提供的数据绑定功能
   C. 直接操作 DOM　　　　　　　　D. 没有任何方式
2. 下列不属于 scroll-view 组件属性的是（　　）。
   A. scroll-x　　　　B. bindscroll　　　　C. scroll-top　　　　D. current

3．（多选）小程序页面间有（　　）传递数据的方法。

　　A．使用全局变量实现数据传递

　　B．页面跳转或重定向时，使用 url 带参数传递数据

　　C．使用缓存传递数据

　　D．使用数据库传递数据

4．关于如何封装微信小程序的数据请求，以下说法错误的是（　　）。

　　A．将所有的接口放在统一的 JS 文件中并导出

　　B．在 app.js 文件中创建封装数据请求的方法

　　C．在子页面中调用封装的方法请求数据

　　D．webview 用来处理业务逻辑、数据及接口调用。

二、综合实训

请读者参考项目 6 实现商品分类页的过程，编程实现图 6-15 和图 6-16 所示效果。

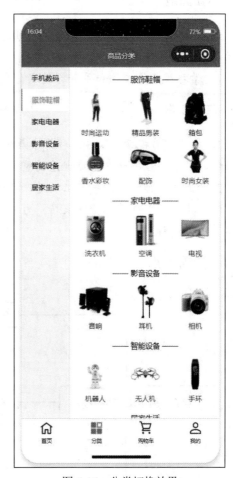

图 6-15　产品分类页效果　　　　　　图 6-16　分类切换效果

项目 7　购物车模块开发

 教学导航

学习目标

1. 掌握小程序购物车页面的基本布局与样式。
2. 掌握购物车商品列表循环读取方法。
3. 掌握购物车单选和全选商品金额计算方式。
4. 了解购物车为空状态的布局与样式。

素质园地

1. 通过对微信开发者文档、编写程序文档的学习,培养学生实事求是、严肃认真、一丝不苟的工作作风。
2. 学习规范的文档和手册,提高自我更新知识和技能的能力。

职业素养

软件工程师素养——工匠精神

1. 扫码观看视频"软件工程师素养——工匠精神",了解招聘网站上软件工程师的招聘条件,了解小程序开发人员规范的重要性,培养学生的职业素质。
2. "工匠精神"本指手艺工人对产品精雕细琢、追求极致的理念,即对生产的每道工序,对产品的每个细节都精益求精、力求完美。思考软件工程师的哪些理念、行为或细节体现了工匠精神。

 知识要点

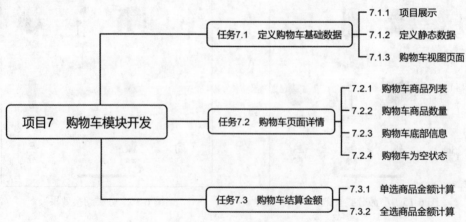

图 7-1　本项目知识要点

在小程序开发中,购物车模块一般包括商品列表、商品金额计算、商品数量增减、商品所选规格等,小程序提供了各类 API 和组件,为实现商品购物车提供了便利。购物车商品数量在后续的数据接口中将进一步讲解。本项目将通过"梅园—购物车页面"讲解商品购物车的布局、条件渲染,以及 forEach()函数、every()函数在金额计算中所需要的功能。

任务 7.1　定义购物车基础数据

7.1.1　项目展示

购物车模块介绍

本项目配套源代码提供了购物车页面,读者可以使用微信开发者工具打开该页面,查看项目的运行结果,如图 7-2、图 7-3 所示。

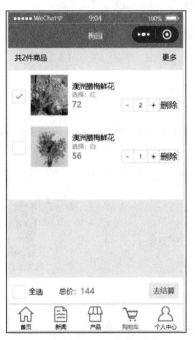

图 7-2　购物车商品列表

图 7-3　购物车为空

7.1.2　定义静态数据

定义静态数据

【示例 7-1】定义购物车静态数据,包括商品信息、数量、价钱、总价等信息。

打开 pages/goodsCart/goodsCart.js 文件,在 data 对象中定义基础数据,具体代码如下。

```
Page({
    data: {
        cartList:[{
            id:1,
            goodsNo:'202108675',
```

```
            thumbnail:'http://www.uhlocal.com/images/goods1.jpg',
            title:'澳洲腊梅鲜花|花期长|有香味水养冬天应季',
            quantity:2,
            salePrice:72,
            color:'红'
        },
        {
            id:2,
            goodsNo:'202457756',
            thumbnail:'http://www.uhlocal.com/images/goods2.jpg',
            title:'鲜切花腊梅花带花苞腊梅|浓香型年宵花卉',
            quantity:1,
            salePrice:56,
            color:'白'
        } ],              //购物车商品列表
        colorGoods:[],    //购物车里商品所选的颜色
        hasResult:true,   //判断购物车里是否有数据
        isChecked:false,  //单选，默认为 false
        isCheckAll:false, //全选，默认为 false
    },
})
```

在上述代码中，cartList 指购物车商品列表；colorGoods 指选中购买商品的颜色；hasResult 用于判断购物车里是否有数据；isChecked 用于商品左侧复选框，定义单个商品是否被选中；isCheckAll 用于页面底部"全选"复选框，定义购物车中的商品是否被选中。

7.1.3 购物车视图页面

购物车页面主要包括顶部购物车商品信息、中间购物车商品列表和底部购物车结算信息，每个商品左边有复选框，底部有"全选"复选框，用户可以选中商品实现增加、减少或者删除右边的商品。

购物车视图页面

【示例 7-2】按照图 7-2 购物车页面的设计，实现购物车视图布局。

在分析了购物车页面结构之后，下面开始编写商品页面结构和样式代码，在 pages/goodsCart/goodsCart.wxml 文件中编写页面布局，具体代码如下。

```
<view class="page-cart">
    <block wx:if="{{hasResult}}">
        <view class="top-cart"></view>
        <view class="item-list"></view>
        <view class="total-cart"></view>
    </block>
    <view wx:else class="no-result"></view>
</view>
```

在上述代码中，外层<view>标签里包含了<block>标签，使用条件渲染 wx:if 语句判断购物车是否为空，如果有购物信息，则显示购物车里的商品，否则显示"暂无商品"。在<block>标签里包含了购物车 3 部分的布局视图容器。

在 pages/goodsCart/goodsCart.wxss 文件中编写页面样式代码，具体代码如下。

```
page{
    width: 100%;
    height: 100%;
    background-color: #eee;
}
```

任务 7.2 购物车页面详情

购物车页面设计应该注重用户界面的友好性和直观性。购物车页面应该具有清晰简洁的布局，突出显示重要信息，让用户一目了然。购物车详情页面应该包括商品名称、价格、数量、金额小计、删除和结算等基本信息。

7.2.1 购物车商品列表

checkbox-group（多项选择器）内部由多个 checkbox 组成，其属性见表 7-1。

表 7-1 checkbox-group 属性

属性	类型	描述
bindchange	EventHandle	checkbox-group 中选中项发生改变时触发 change 事件，detail={value:[选中 checkbox 的 value 的数组]}

微信小程序中的多选项组件（checkbox）是一个用于实现多选功能的重要表单元素。结合 checkbox-group 组件可以轻松地创建多选框组，并处理用户的选择。在此案例中，购物车里的商品左边放置 checkbox 复选框，实现选中商品功能。该组件包含了四个属性值，具体见表 7-2。

表 7-2 checkbox 属性

属性	类型	默认值	描述
value	String		checkbox 标识，选中时触发 checkbox-group 的 change 事件，并携带 checkbox 的 value
disabled	Boolean	false	是否禁用
checked	Boolean	false	当前是否选中，可用来设置默认选中
color	String	#09BB07	checkbox 的颜色，同 CSS 的 color

【示例 7-3】实现购物车商品列表，在购物车商品的左边添加复选框，如图 7-4 所示。

购物车商品列表

图 7-4 购物车商品

在 pages/goodsCart/goodsCart.wxml 文件中，为 item-list 视图容器编写页面布局，具体代码如下。

```
<view class="item-list"  >
    <checkbox-group bindchange="checkboxChange" >
        <view class="item"   wx:for="{{cartList}}" wx:key="id">
            <checkbox  value="{{item.id}}" checked="{{item.isChecked}}"></checkbox>
            <view class="pic"> <image src="{{item.thumbnail}}"></image></view>
            <view class="content">
                <view class="title">{{item.title}}</view>
                <view class="desc">选择：{{item.color}}</view>
                <view class="price-info">
                    <view class="price">¥{{item.salePrice}}</view>
                    <view class="oper">
                        <view class="reduce" data-id="{{item.id}}" bindtap="reduceCount" >-</view>
                        <input value="{{item.quantity}}" type="number"/>
                        <view class="add"   data-id="{{item.id}}" bindtap="addCount">+</view>
                        <view class="btn-del" data-index="{{item.id}}" bindtap="btnDel">删除</view>
                    </view>
                </view>
            </view>
        </view>
    </checkbox-group>
</view>
```

在 pages/goodsCart/goodsCart.wxss 文件中，实现样式，具体代码如下。

```
.item-list{
    background-color: #fff;
    padding-bottom: 110rpx;
}
.item-list .item{
    padding: 20rpx;
    display: flex;
    align-items: center;
}
.item-list .item checkbox{
    margin-right: 10rpx;
}
.item-list .item .pic image{
    width: 160rpx;
    height: 169rpx;
}
.content{
    margin-left: 20rpx;
    width: 100%;
}
.content .title{
```

```
        font-size:32rpx;
    }
    .content .desc{
        font-size:28rpx;
        color: #999;
    }
    .price-info{
        display: flex;
        justify-content: space-between;
    }
    .content .price-info .price{
        width: 65%;
        font-size: 36rpx;
        color: #f60;
    }
    .content .oper{
        display: flex;
        border: solid 1rpx #ccc;
        border-radius: 10rpx;
    }
    .content .oper .add{
        width: 50rpx;
        text-align: center;
        border-left:solid 2rpx #ccc;
    }
    .content .oper .reduce{
        width: 50rpx;
        text-align: center;
        border-right:solid 2rpx #ccc;
    }
    .content .oper input{
        width: 60rpx;
        text-align: center;
        font-size:24rpx ;
    }
    .btn-del{
        border-left: 2rpx solid #ccc;
        width: 80rpx;
        text-align: center;
    }
```

7.2.2 购物车商品数量

【示例7-4】为商品数量 "-" 按钮和 "+" 按钮添加 reduceCount 函数和 addCount()函数，实现购物车商品数量的增加与减少，如图 7-5 所示。

购物车商品数量

图 7-5　数量操作按钮

在 pages/goodsCart/goodsCart.js 文件中，不管是点击 "-" 按钮，还是点击 "+" 按钮，都需要进行总金额的计算，所以先实现计算总金额函数 settleCount()。获取选中商品，如果商品的 isChecked 属性为真，则对商品的金额进行计算，具体代码如下。

```js
settleCount(){
    let totalPrice=0;
    this.data.cartList.forEach(item=>{
        if(item.isChecked){
            totalPrice+=item.salePrice*item.quantity
        }
    })
    this.setData({
        totalPrice:totalPrice
    })
},
```

在 pages/goodsCart/goodsCart.js 文件中，实现减少数量函数 reduceCount()，获取选择商品的编号，如果商品数量为 1，则不进行减少运算，在减少数量的同时完成统计金额，具体代码如下函数。

```js
reduceCount(e){
    let id=e.currentTarget.dataset.id
    let goods=this.data.cartList.find(item=>{return item.id===id})
    if(goods.quantity===1) return
    goods.quantity--
    this.setData({
        cartList: this.data.cartList
    })
    this.settleCount()
},
```

在 pages/goodsCart/goodsCart.js 文件中，实现增加数量函数 addCount()，在增加数量的同时完成统计金额，具体代码如下。

```js
addCount(e){
    let id=e.currentTarget.dataset.id
    let goods=this.data.cartList.find(item=>{return item.id===id})
    goods.quantity++
    this.setData({
        cartList: this.data.cartList
    })
    this.settleCount()
},
```

【示例 7-5】实现购物车商品删除操作，如图 7-6 所示。

实现购物车商品删除操作

图 7-6　删除操作按钮

在 pages/goodsCart/goodsCart.js 文件中，定义 btnDel()函数，使用 splice()函数删除数组中的元素。如果删除 1 个元素，则 splice()函数返回含 1 元素的数组；如果未删除任何元素，则返回空数组。具体代码如下。

```
btnDel(e){
    let id=e.currentTarget.dataset[id]
    this.data.cartList.splice(id,1)
    if(this.data.cartList.length>0){
        this.setData({
            hasResult:true,
            cartList:this.data.cartList
        })
    }else{
        this.setData({
            hasResult:false
        })
    }
}
```

7.2.3　购物车底部信息

购物车底部信息

【示例 7-6】购物车底部信息包含 3 个内容："全选"复选框、选中的商品总价、"去结算"按钮，如图 7-7 所示。编程实现底部信息效果。

图 7-7　底部信息

在 pages/goodsCart/goodsCart.wxml 文件中，在 total-cart 视图容器中实现页面布局，具体代码如下。

```
<view class="total-cart">
    <view class="all">
        <checkbox-group bindchange="checkAll">
            <checkbox value="1" checked="{{isCheckAll}}"></checkbox>
            <text>全选</text>
        </checkbox-group>
```

```
        </view>
        <view class="total-price">
            总价：<text class="price">¥{{totalPrice}}</text>
        </view>
        <view class="btn {{totalPrice>0?'btn-primary':'btn-default'}}">去结算</view>
</view>
```

在 pages/goodsCart/goodsCart.wxss 文件中，实现样式，具体代码如下。

```
.total-cart{
    display: flex;
    align-items: center;
    position: fixed;
    width: 100%;
    left: 0;
    bottom: 0;
    height: 110rpx;
    background-color: #fff;
    padding: 0 20rpx;
    box-sizing: border-box;
}
.total-cart .all{
    font-size:24rpx;
    width: 200rpx;
    margin-top: 10rpx;
}
.total-cart .total-price{
    font-size:24rpx;
    flex: 1;
}
.total-cart .total-price .price{
    font-size:36rpx;
    color: #f60;
}
.total-cart .btn{
    width: 130rpx;
    height: 70rpx;
    line-height: 70rpx;
    font-size: 32rpx;
    text-align: center;
    border-radius: 10rpx;
}
.total-cart .btn-default{
    background-color: #eee;
    color: #666;
}
.total-cart .btn-primary{
    background-color: #f60;
    color: #fff;
}
```

7.2.4 购物车为空状态

【示例 7-7】实现购物车为空效果和当购物车页面为空时，如图 7-8 所示，购物车页面将定向到商品列表页面。

购物车为空状态

图 7-8 购物车为空效果

在 pages/goodsCart/goodsCart.wxml 文件中，在 no-result 视图容器中实现页面布局，具体代码如下。

```
<view wx:else class="no-result">
    <view class="no-content">
        <image src="/images/cring.png"></image>
        <text>暂无商品</text>
        <button class="go-list" bindtap="gotoList">前往添加商品</button>
    </view>
</view>
```

在 pages/goodsCart/goodsCart.wxss 文件中，实现样式，具体代码如下。

```
.no-content{
    padding-top: 100rpx;
    margin-bottom: 100rpx;
    text-align: center;
}
.no-content image{
    width: 160rpx;
    height: 160rpx;
}
.no-content text{
    display: block;
    font-size:40rpx;
    margin: 40rpx;
    color: #666;
}
```

在 pages/goodsCart/goodsCart.js 文件中，实现 bindtap="gotoList"，即当购物车为空时，跳转到商品列表页面选购商品。具体代码如下。

```
gotoList:function(){
    wx.navigateTo({
        url: '/pages/goodsList/goodsList'
    })
}
```

任务 7.3 购物车结算金额

在商城系统中,购物车结算是一个必备的环节。购物车结算功能通过遍历每个模块中的商品小计,将其进行累加,从而实现结算总额。

7.3.1 单选商品金额计算

【**示例 7-8**】实现单个商品金额计算功能。可以改变商品选中状态,计算总价和商品总数量,如图 7-9 所示。

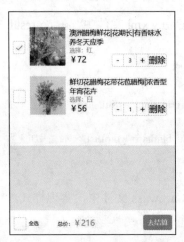

单选商品金额计算

图 7-9 单选商品

在 pages/goodsCart/goodsCart.wxml 文件中,为购物车里商品左侧的单选 checkbox 设置 value、checked 属性值,具体代码如下。

```
<checkbox value="{{item.id}}" checked="{{item.isChecked}}"></checkbox>
```

在 pages/goodsCart/goodsCart.js 文件中,为购物车里商品左侧的单选 checkbox-group 绑定 checkboxChange()处理函数,具体代码如下。

```
<view class="item-list">
    <checkbox-group bindchange="checkboxChange" >代码略</checkbox-group>
    [代码略]
</view>
```

获取购物车列表时,对 item.isChecked=false 语句添加一个 checked 属性,设置为 false,并把这个值赋值给列表的 checkbox 的 checked 属性。

使用 every()方法检测数组所有元素是否都符合指定条件,如果检测到数组中有 1 个元素不符合，则整个表达式返回 false，且不会再对剩余的元素进行检测。如果所有元素都符合条件，则返回 true。every()方法不会改变原始数组。

在 pages/goodsCart/goodsCart.js 文件中，实现 checkboxChange()处理函数，具体代码如下。

```
//购物车的单选功能
checkboxChange:function(e){
    var that=this
    let ids=e.detail.value
    let list=that.data.cartList
    let totalPrice=0
    //购物车商品的总循环
    list.forEach(item=>{
        item.isChecked=false
            ids.forEach(id=>{
                //如果选中商品的id等于总循环里的id，则进行价格统计
                if(item.id==id){
                    totalPrice+=item.salePrice*item.quantity
                    item.isChecked=true }
            })
    })
    let isAll=list.every(item=>item.isChecked)
     that.setData({
        totalPrice:totalPrice,
        isCheckAll:isAll
    })
}
```

7.3.2 全选商品金额计算

全选功能指的是勾选"全选"复选框选中所有商品，总金额是所有商品总价的总和，如图 7-10 所示。取消全选有两种方式：一是直接取消勾选"全选"复选框，二是取消勾选任何一个商品左侧的复选框。

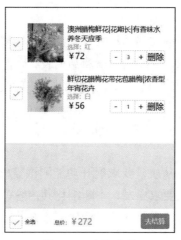

全选商品金额计算

图 7-10 全选产品

【示例 7-9】实现全选商品金额计算功能。

在 pages/goodsCart/goodsCart.wxml 文件中,使用 checkbox-group 组件结合 checkbox 组件实现全选产品功能。具体代码如下。

```
<checkbox-group bindchange="checkAll">
    <checkbox value="1" checked="{{isCheckAll}}"></checkbox>
    <text>全选</text>
</checkbox-group>
```

在 pages/goodsCart/goodsCart.js 文件中,实现 checkAll()处理函数,具体代码如下。

```
checkAll:function(){
    var that=this
    var isCheckAll=!that.data.isCheckAll
    that.setData({
        isCheckAll:isCheckAll
    })
    let list=that.data.cartList
    let totalAmount=0
    list.forEach((item)=>{
        if(isCheckAll){
            item.isChecked=true
            totalAmount+=item.salePrice*item.quantity
        }
        else{ item.isChecked=false }
    })
    that.setData({
        cartList:list,
        totalPrice:totalAmount
    })
},
```

项目小结

本项目讲解了购物车页面的布局与样式、购物车单选和全选商品金额的计算。购物车页面嵌入了顶部商品信息显示、中间购物车商品列表、底部购物车结算功能。通过对本项目的学习,读者需要重点掌握如何设计一个完整的购物车页面,熟悉商品金额的计算方法。

学习评价

软件测试分析过程,可以从质量要求展开功能测试需求分析,也可以从功能、性能、安全性、兼容性等各个方面的要求出发,不断细化其内容,挖掘其对应的测试需求,覆盖质量要求。在整理测试需求时,需要分类、细化、合并并按照优先级进行排序,形成测试需求列表。

下面针对综合实践案例"购物车功能",编写软件测试用例,根据输入数据填写测试结果,并给出修订方法,完成表 7-3。

表 7-3 购物车功能测试用例

测试用例编号	测试步骤	测试结果	修订方法
TestCase_open	使用小程序打开购物车页面		
TestCase_num_001	点击增加产品按钮,获得商品购物车金额		
TestCase_num_002	点击减少产品按钮,获得商品购物车金额		
TestCase_num_003	输入商品数量,获得商品购物车金额		
TestCase_set_001	选择单个商品,获得商品购物车金额		
TestCase_set_002	选择多个商品,获得商品购物车金额		

项 目 实 训

一、选择题

1. 下列代码的运行结果是（　　）。

```
let num = [1,2,3,4,5];
let eve = num.every(function(item, index, arr){
    return (item > 2);
});
console.log(eve);
```

    A. true   B. false   C. 3   D. null

2. 下列代码的运行结果是（　　）。

```
let num = [1,2,3,4,5];
    let sum=0
    num.forEach(function(item, index, arr){
        sum+=arr[index]
    })
console.log(sum)
```

    A. 15   B. 12   C. 6   D. 10

3. 下列代码的运行结果是（　　）。

```
let arr = [1, 2, 3]
    arr.forEach(function (item, index, array) {
        console.log(array)
})
```

    A. [1, 2, 3]   B. [0, 1, 2]   C. [3]   D. [1]

二、综合实训

按照图 7-11、图 7-12 所示效果，完成购物车页面的设计与开发。

图 7-11 购物车页面效果

图 7-12 订单页面效果

项目 8　用户信息模块开发

 教学导航

学习目标

1. 掌握小程序用户登录流程。
2. 了解小程序登录、退出登录操作。
3. 掌握小程序模板的基本语法。
4. 掌握 ECharts 在小程序中的运用。

素质园地

1. 搜索几款目前可视化界面应用较好的小程序并进行对比,采用观看视频或动画的方式,开展个性化自主学习并完成测试。

2. 培养学生的发散思维和聚合思维,教师讲解创建模板的过程,也是学生发散思维和聚合思维形成的过程。在已学小程序的模板内容基础上,进行自定义模板的设计分析,培养学生的创新思维。

职业素养

1. 扫码观看视频"软件工程师——创新创业精神",培养学生的创新意识、创新精神,能够在数据可视化方面提出自己新的观点与见解。

软件工程师——创新创业精神

2. 制作主题为"ECharts 的应用场景"的演示文稿,分小组上台展示。培养学生的网络信息搜索能力,能够在网上搜索 ECharts 的使用方法、应用场景、小程序如何使用 ECharts 等新知识。

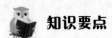 **知识要点**

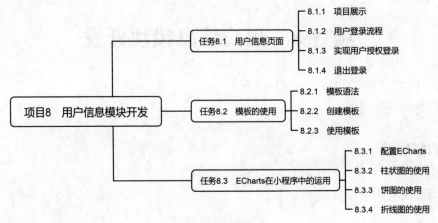

图 8-1　本项目知识要点

在小程序开发中，用户信息模块一般包括用户登录、退出登录、购物信息统计、购物金额统计等，小程序提供了各类 API 和组件，为实现用户信息模块提供了便利。通过本项目的学习，读者可了解小程序用户登录的 API，小程序与 ECharts.js 中的柱状图、饼图和折线图相结合的使用方式等。

任务 8.1　用户信息页面

用户信息页面

8.1.1　项目展示

本项目配套源代码提供了用户信息页面，读者可以使用微信开发者工具打开该页面，查看项目的运行结果，如图 8-2、图 8-3 所示。

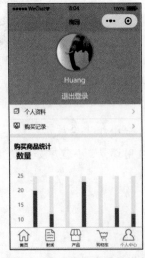

图 8-2　个人信息未登录状态

图 8-3　购物信息统计

8.1.2 用户登录流程

登录模块提供用户登录功能以及维护用户的登录状态，是一个拥有用户系统的小程序必不可少的功能模块。小程序可以通过微信官方提供的登录功能方便地获取微信提供的用户身份标识，快速建立小程序内的用户体系。

在微信小程序中，涉及以下 3 种登录方式。

（1）使用注册的自有账号登录。

（2）使用其他第三方平台账号登录。

（3）使用微信账号登录（即直接使用当前已登录的微信账号来作为小程序的用户进行登录）。

前两种是目前 Web 应用中最常见的方式，在微信小程序中同样可以使用。但需要注意的是，小程序中没有 Cookie 机制，所以在使用这两种方式前，请确认第三方的 API 是否需要依赖 Cookie。另外，小程序中也不支持 HTML 页面，那些需要使用页面重定向来进行登录的第三方 API，就需要做相应的修改。

登录流程时序如图 8-4 所示。

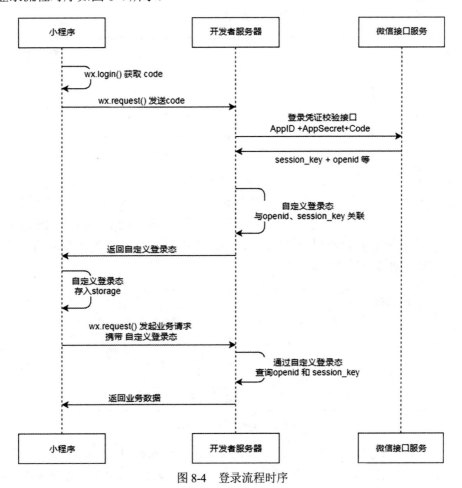

图 8-4 登录流程时序

登录流程中的 3 个角色如下。

（1）小程序。用户使用的客户端，由于小程序运行在微信之上，所以它可以通过 API 获取微信用户的身份信息。

（2）开发者服务器。小程序的后端服务器，用于为小程序用户提供服务。

（3）微信接口服务。微信为开发者服务器提供的接口。

登录流程的具体说明如下。

（1）小程序调用 wx.login()获取 code。code 是临时登录凭证，小程序每次调用 wx.login()都会获得不同的 code。

（2）小程序将 code 发送给开发者服务器。在获取 code 后，小程序使用 wx.request()将 code 发送给开发者服务器。wx.request()的超时时间默认为 60 秒，为了避免用户因网络异常或服务器问题等待回包太久，可以在 app.json 中设置 wx.request()的超时时间，超时则触发 fail 回调，具体代码如下。

```
"networkTimeout": {
    "request": 3000
}
```

可以在开发者后台配置服务器域名，如图 8-5 所示。

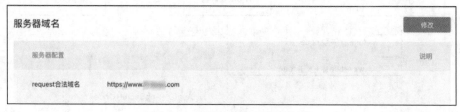

图 8-5　开发者服务器域名配置

（3）开发者服务器通过微信接口服务校验登录凭证。开发者服务器将 AppID、AppSecret、code 发送给微信接口服务，微信接口服务校验登录凭证，如果校验成功，则返回 session_key 和 openid 等。每一个小程序用户都有一个唯一的 openid，如图 8-6 所示。session_key 是开发者后台校验与解密开放数据的密钥之一，是微信官方返回的登录状态，保证了当前用户进行会话操作的有效性。

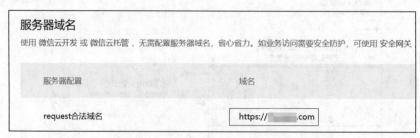

图 8-6　AppID 和 AppSecret

（4）开发者服务器自定义登录态。自定义登录态与 openid、session_key 相关联，开发者服务器把自定义登录态返回给小程序端。服务器端验证通过之后，会向客户端返回一个带 token 认证的登录状态。客户端会把 token 认证保存起来。小程序会把 token 认证保存到数据缓存中，一般保存在 storage 中。从而，在小程序退出后再次被打开时，先从缓存中读取保存的 token 认证，发送给服务器。服务器验证 token 认证是否过期，如果过期则需重新登录，反之直接使用缓存中的数据。

客户端向服务器发送请求（请求需要在登录的状态下才会返回结果时），会携带 token 认证。服务器会根据 token 查询 openid 或 session_key 和其他数据，然后将数据返回给客户端。开发者服务器可以根据用户标识来生成自定义登录态，用于后续业务逻辑中前后端交互时识别用户身份。

8.1.3 实现用户授权登录

【示例 8-1】实现用户授权登录，并显示用户名和头像状态，如图 8-7、图 8-8 所示。

图 8-7　未登录状态　　　　　　　　　　图 8-8　已登录状态

打开 pages/profile/profile.js 文件，在 data 对象中定义基础数据 userInfo，其用于获得个人信息，具体代码如下。

```
Page({
    data: {
        userInfo:''
    }
})
```

打开 pages/profile/profile.wxml 文件，使用 wx:if 语句对登录进行判断，当 userInfo 信息为空时，显示未登录的默认头像，提示"未登录"并绑定 login()函数；否则，显示登录成功的头像和昵称，提示"退出登录"并绑定 loginOut()函数，具体代码如下。

```
<view wx:if="{{!userInfo}}" class='avatar'>
    <image src='/images/others/avatar.png'></image>
    <text bindtap="login">未登录</text>
</view>
<view wx:else class='avatar'>
    <image src='{{userInfo.avatarUrl}}'></image>
    <text>{{userInfo.nickName}}</text>
    <text bindtap="loginOut">退出登录</text>
</view>
```

打开 pages/profile/profile.wxml 文件，avatar 样式用于将文字和头像设置为水平和垂直居中，avatar image 样式用于设置头像边框和 50%的圆角。具体代码如下。

```
page{
    background-color: #eee;
}
.avatar{
    background-color: #f60;
    height: 400rpx;
    display: flex;
    flex-direction: column;
    justify-content: center;
    align-items: center;
}
.avatar text{
    margin-top: 20rpx;
    color: #fff;
    margin-bottom: 20rpx;
}
.avatar image{
    width: 200rpx;
    height: 200rpx;
    border: 10rpx solid rgba(0, 0, 0, 0.1);
    border-radius: 50%;
}
```

打开 pages/profile/profile.js 文件，实现绑定 login()函数。使用 wx.getUserProfile(Object object)获取用户信息。每次请求都会弹出授权窗口，用户同意后返回 userInfo。使用 wx.setStorageSync()方法将用户数据以键值对的方式存储到本地存储中。具体代码如下。

```
login(){
    var that=this
    wx.getUserProfile({
        desc: '授权登录',
        success:(res)=>{
          let userInfo=res.userInfo
          wx.setStorageSync('userInfo',userInfo)
          that.setData({
            userInfo:userInfo
          })
        }
    })
},
```

打开 pages/profile/profile.js 文件，wx.getStorageSync()是小程序提供的同步获取本地缓存的 API。通过 getStorageSync()方法，直接获取到指定 key 为 userInfo 的 value 值，如果获取的本地存储的用户信息不为空，则表示用户已经登录过，从缓存中读取登录信息即可。具体代码如下。

```
onLoad: function (options) {
    //获取本地存储的用户信息
    let userInfo=wx.getStorageSync('userInfo')
    //如果用户已登录过
    if(userInfo){
        this.setData({
            userInfo:userInfo
        })
    }
}
```

8.1.4 退出登录

退出登录

在日常使用小程序的过程中，不可避免地需要退出当前登录的账号。退出登录的做法可以是点击用户头像或者使用"退出登录"按钮，找到并点击"退出登录"或"注销账号"选项。确认退出登录操作，系统将会清除登录信息，并返回到登录前的状态。

【示例 8-2】点击"退出登录"按钮，实现退出登录功能。

打开 pages/profile/profile.js 文件，实现 loginOut()函数，使用 wx.setStorageSync()函数将缓存中 userInfo 的值设置为空。具体代码如下。

```
loginOut:function(){
    var that=this
    wx.setStorageSync('userInfo','')
    that.setData({
        userInfo:''
    })
}
```

任务 8.2　模板的使用

模板的使用

在实际开发过程中，经常会有代码复用的情况，即在不同的页面中使用结构类似的代码。小程序模板是一种快速开发小程序的方式，使用小程序模板可以减少从零开始开发的代码量，加快开发速度。

8.2.1 模板语法

WXML 提供了模板（template），可以在模板中定义代码片段，然后在不同的地方调用模板。可以使用 name 属性定义模板的名字，然后在<template/>内定义代码片段。下面通过一个案例说明模板的使用方法。

模板语法

【示例 8-3】创建一个小程序页面模板，并实现带参数的模板。

（1）创建模板。在 pages 文件夹中新建一个 template 文件夹，在该文件夹中新建一个

template.wxml 文件，在该文件中编写如下代码。

```
<template name="temp1">
    <view><text class="info">这是模板示例 1</text></view>
</template>
```

给模板增加样式文件：在 pages/template 文件夹中新建一个 template.wxss 文件，然后在其中编写以下代码，添加一个简单样式。

```
.info{font-size:50rpx;}
```

（2）使用模板。在需要使用的.wxml 文件中加载模板布局文件 template.wxml。例如，在 index.wxml 文件加载模板布局文件，需要使用 import 语句引入文件路径，通过<template>标签使用模板，template 标签的 is 属性与模板的 name 属性对应。具体代码如下。

```
<import src="/template/template.wxml"/>
<view>This is index.wxml</view>
<template is="temp1"/>
```

除引入模板布局文件之外，还需要在 index.wxml 文件引入模板样式文件，具体代码如下。

```
@import "../../template/template.wxss";
```

（3）传递数据。有时候模板需要加载的页面传递参数，这时需要在模板中定义参数。template.wxml 文件代码如下所示。

```
<template name="temp2">
    <view><text class="info">这是模板示例 2</text></view>
    <view>
        <text>{{index}}:{{msg}}</text>
        <text>Time:{{time}}</text>
    </view>
</template>
```

在 index.wxml 文件中传递模板中所需要的参数，修改后的代码如下。

```
<import src="/template/template.wxml"/>
<view>This is index.wxml</view>
<template is="temp2" data="{{...item}}"/>
```

在 index.js 文件中定义 item 为对象类型的数据，具体代码如下。

```
Page({
    data: {
        item: {
            index: 0,
            msg: 'this is a template',
            time: '2016-09-15'
        }
    }
})
```

示例 8-3 运行结果如图 8-9 所示。

```
This is index.wxml
这是模板示例1
This is index.wxml
这是模板示例2
0:this is a templateTime:2016-09-15
```

图 8-9 示例 8-3 运行结果

8.2.2 创建模板

创建模板

【**示例 8-4**】通过上面的模板示例,了解了模板的实现过程之后,在商城小程序项目中使用模板实现个人信息资料的显示,如图 8-10 所示。

```
个人资料          >
购买记录          >
```

图 8-10 个人信息

在 pages 文件夹中新建一个 template 文件夹,并在其中新建 list.wxml 文件和 list.wxss 文件,分别在这两个文件中编辑模板的基本布局和样式。

打开 pages/template/list.wxml 文件,编辑模板布局,具体代码如下。

```
<template name="list">
    <view class="menu-list arrow">
        <navigator url="{{item.url}}">
            <block>
                <image class="cell-image" src="{{item.iconurl}}"></image>
                <text>{{item.title}}</text>
            </block>
        </navigator>
    </view>
</template>
```

打开 pages/template/list.wxss 文件,编辑模板样式,具体代码如下。

```
.menu-list{
    line-height: 80rpx;
    color: #555;
    font-size: 35rpx;
    padding: 0 0rpx 0 10px;
    position: relative;
    border-bottom: 1rpx solid #eee;
    padding-right: 40rpx;
    background-color: #fff;
}
.cell-image{
    width: 35rpx;
```

```
        height:35rpx;
        margin-right: 10rpx;
}
.arrow{
    display: flex;
    justify-content: space-between;
    align-items: center;
}
.arrow::after{
    content: "";
    width: 15rpx;
    height: 15rpx;
    border-top: 3rpx solid #e60;
    border-right: 3rpx solid #e60;
    transform: rotate(45deg);
}
```

8.2.3 使用模板

在一个项目中多处使用类似的模块时,就可以使用模板。在需要使用模板的页面使用 import 语句引入模板布局文件和样式文件。

【示例 8-5】在 profile.wxml 文件引入个人信息模板。

使用模板

打开 pages/pages/profile.wxml 文件,引入模板布局文件 list.wxml。

```
<import src="../../template/list.wxml"/>
```

打开 pages/pages/profile.wxss 文件,引入模板样式文件 list.wxss。

```
@import "../../template/list.wxss";
```

打开 pages/pages/profile.js 文件,定义个人信息资料,个人信息包括 3 个数据:url 表示跳转地址,title 显示信息标题,iconurl 显示标题的图标。具体代码如下。

```
Page({
    data: {
        menu:[{ url:'/pages/profile/profile',
                title:'个人资料',
                iconurl:'/images/others/icon_pitch.png'},
              { url:'/pages/profile/profile',
                title:'购买记录',
                iconurl:'/images/others/icon_platform.png'} ]
})
```

打开 pages/pages/profile.wxml 文件,通过<template>标签使用模板,<template>标签的 is 属性与模板的 name 属性对应。具体代码如下。

```
<view>
    <template wx:for="{{menu}}" is="list" data="{{item}}"></template>
</view>
```

练一练

编写一个带箭头的模板和不带箭头的模板,并运用模板,效果如图 8-11 所示。

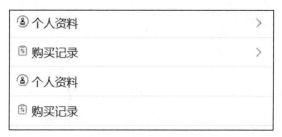

图 8-11 个人信息展示

任务 8.3 ECharts 在小程序中的运用

ECharts 在小程序中的运用

ECharts 是一款基于 JavaScript 的数据可视化图表库,提供直观、生动、可交互和可个性化定制的数据可视化图表。ECharts 提供了小程序版本 echarts-for-weixin,将其封装成了一个名为 ec-canvas 的自定义组件供开发者直接引用,开发者通过熟悉的 ECharts 配置方式,快速开发图表。

ECharts 上的内容被抽象为了组件,包括坐标轴、legend、series、tooltip、toolbox 等。用 Option 来描述图表,包括图表数据、数据如何映射成图形、交互行为等。系列(series)是专门绘制图的组件。在绘制图表时,至少包含图标类型、数据配置项以及映射的参数。

8.3.1 配置 ECharts

配置 ECharts

在配置 ECharts 之前,可以使用下载源码自行编译、npm 安装或者在线定制三种方式进行安装。在创建项目之后,复制 ec-canvas 目录到新建的项目下,然后做相应的调整。整个 ec-canvas 目录的大小近 1M,建议在分包中组织可视化页面。此外,可以使用在线定制需要的图表,下载图表后替换掉 ec-canvas/echarts.js。

打开 pages/profile/profile.json 文件,配置如下。

```
{
    "usingComponents": {
        "ec-canvas": "../../ec-canvas/ec-canvas"
    }
}
```

这一配置的作用是允许在 pages/profile/profile.wxml 文件中使用 ec-canvas 组件。注意路径的相对位置,如果目录结构和本例相同,就可以按照上面示例代码进行配置。

【示例 8-6】在 profile.wxml 文件中设计可视化图表区域,区域包括柱状图、饼图和折线图区域。

打开 pages/profile/profile.wxml 文件，编辑可视化图表区域布局，具体代码如下。

```
<view class="echarts">
    <view class="data_chart"></view>
    <view class="divide"></view>
    <view class="data_chart"></view>
    <view class="divide"></view>
    <view class="data_chart"> </view>
</view>
```

打开 pages/profile/profile.wxss 文件，编辑可视化图表区域样式，具体代码如下。

```
.data_chart {
    width: 100%;
    height: 650rpx;
    background: #fff;
    border-radius: 20rpx;
    padding: 24rpx;
    box-sizing: border-box;
    position: relative;
}
```

打开 pages/profile/profile.js 文件，安装完成以后，可以将 ECharts 全部引入。在 profile.js 中创建和绑定 ECharts 组件对象，接下来，就可以在页面中使用 ECharts 所有组件。lazyLoad 属性表示延迟加载图表，通常图表数据都是通过异步请求获取到的，即获取到数据后再初始化图表，否则会出现只显示坐标轴，而没有数据的情形。具体代码如下。

```
import * as echarts from "../../ec-canvas/echarts";
Page({
    data: {
        ec: {lazyLoad: true},        //延迟加载
    }
})
```

8.3.2 柱状图的使用

柱状图（或称条形图）是一种通过柱形的长度来表现数据大小的常用图表类型。设置柱状图的方式是将 series 的 type 设为 bar。

柱状图的使用

简单的柱状图可以这样设置：

```
option = {
    xAxis: { data: ['Mon', 'Tue', 'Wed', 'Thu', 'Fri', 'Sat', 'Sun'] },
    yAxis: {},
    series: [ { type: 'bar',data: [23, 24, 18, 25, 27, 28, 25]}]
};
```

在上述代码中，横坐标是类目型的，因此需要在 xAxis 中指定对应的值；而纵坐标是数值型的，可以根据 series 中的 data 自动生成对应的坐标范围。

【示例 8-7】在 profile.wxml 文件中，实现小程序柱状图，如图 8-12 所示。

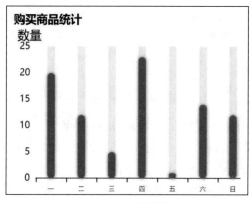

图 8-12 柱状图效果

打开 pages/profile/profile.wxml 文件，编辑柱状图区域布局，其中，ec 是在 profile.js 文件中定义的对象，它使得图表能够在页面加载后被初始化并设置；id 是 ECharts 组件的唯一标识；canvas-id 是 ECharts 组件内部画布 canvas 的唯一标识。具体代码如下。

```
<view class="data_chart">
    <view class="title">购买商品统计</view>
    <ec-canvas id="mychart-dom-bar" canvas-id="mychart-bar" ec="{{ ec }}"></ec-canvas>
</view>
```

打开 pages/profile/profile.wxcss 文件，编写柱状图区域样式。具体代码如下。

```
.data_chart .title{
    font-weight: bold;
    font-size: 36rpx;
}
```

打开 pages/profile/profile.js 文件，定义 weekXData、weekYData，表示柱状图的横、纵坐标值。具体代码如下。

```
Page({
data: {
        weekXData: ["一", "二", "三", "四", "五", "六", "日"],
        weekYData: [20, 12, 5, 23, 1, 14, 12],
    },
})
```

打开 pages/profile/profile.js 文件，定义 getOption()函数，初始化图表。type 参数用于获取图表的类型，示例有 3 种类型的图表，包括柱状图、饼图、折线图。参数 xData 和 yData 表示坐标值。具体代码如下。

```
getOption(type, xData, yData) {
    var option = {};
    if (type == "bar") {
        option = {
            title: {text: "数量",},
            xAxis: [{type: "category", data: xData, axisLine: {lineStyle: { color: "#000",}}}],
            yAxis: [{splitNumber: 5, splitLine: { show: false },}],
```

```
            series: [{type: "bar", data: yData, barWidth: "10px", showBackground: true,}],
            width: 280, height: 170,
        };
    }
    return option;
}
```

打开 pages/profile/profile.js 文件，定义 getData()函数。componet()函数用于获得图表组件，type 为图表类型。调用 init()方法进行图表组件初始化。具体代码如下。

```
getData(componet, type, xData = null, yData = null) {
    componet.init((canvas, width, height, dpr) => {
        const Chart = echarts.init(canvas, null, {
            width: width,
            height: height,
            devicePixelRatio: dpr,
        });
        Chart.setOption(this.getOption(type, xData, yData));
        return Chart;
    });
},
```

打开 pages/profile/profile.js 文件，selectComponent()方法用于返回选择器的第一个组件。通过调用父组件的 selectComponent()方法获取子组件对象，并通过 setData()方法传递参数。如果需要修改子组件的属性，可以通过 setData()方法在父组件中修改子组件属性的值。具体代码如下。

```
onLoad(options) {
    this.echartsComponet = this.selectComponent("#mychart-dom-bar");
    this.getData(
        this.echartsComponet,
        "bar",
        this.data.weekXData,
        this.data.weekYData
    );
}
```

8.3.3 饼图的使用

饼图主要用于表现不同类目的数据在总和中的占比，每个扇形的弧度表示数据数量的比例。饼图的半径可以通过 series.radius 设置，可以是诸如"60%"这样的相对百分比字符串，也可以是"200"这样的绝对像素数值。当它是百分比字符串时，是相对于容器宽高中较小的一条边。也就是说，如果宽度大于高度，则百分比是相对于高度的。当它是数值型时，表示绝对的像素大小。

饼图的配置和折线图、柱状图略有不同，不再需要配置坐标轴，而是把数据名称和值都写在系列中。以下是一个简单的饼图代码。

```
option = {
    series: [ {
        type: 'pie',
        data: [ {value: 335,name: '直接访问'},
                {value: 234,name: '联盟广告'},
                {value: 1548,name: '搜索引擎'}]
    }]
};
```

【示例 8-8】在 profile.wxml 文件中，实现消费金额统计饼图，如图 8-13 所示。

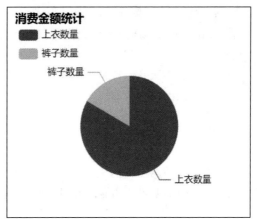

图 8-13　饼图效果

打开 pages/profile/profile.wxml 文件，编辑饼图的布局，具体代码如下。

```
<view class="data_chart">
    <view class="title">消费金额统计</view>
    <ec-canvas id="mychart-dom-pie" canvas-id="mychart-bar" ec="{{ ec }}"></ec-canvas>
</view>
```

打开 pages/profile/profile.js 文件，在 getOption()函数基础上继续编辑饼图的初始化数据，具体代码如下。

```
getOption(type, xData, yData) {
    var option={};
    if (type=="bar") {
      代码略
    } else if (type=="pie") {
        option={
            tooltip: { trigger: "item", },
            legend: { orient: "vertical",left: "left"},
            series: [ { name: "结果",type: "pie", radius: "50%",
                data: [{ value: 10, name: "上衣数量" },{ value: 2, name: "裤子数量" }]}]
        };
    }
    return option;
}
```

打开 pages/profile/profile.js 文件，使用 selectComponent()函数获得图表组件，具体代码如下。

```
onLoad(options) {
    this.echartsComponet2=this.selectComponent("#mychart-dom-pie");
    this.getData(this.echartsComponet2, "pie");
},
```

8.3.4 折线图的使用

折线图的使用

折线图主要用来展示数据项随着时间推移的趋势或变化。如果想建立一个横坐标是类目型（category）、纵坐标是数值型（value）的折线图，可以使用如下代码。

```
option={
    xAxis: {type: 'category',data: ['A', 'B', 'C']},
    yAxis: {type: 'value'},
    series: [{data: [120, 200, 150],type: 'line'}]
};
```

上述代码通过 xAxis 将横坐标设为类目型，并指定了对应的值；通过 yAxis 将纵坐标设为数值型。在 series 中，将系列类型设为 line，并且通过 data 指定了折线图三个点的取值。

【示例 8-9】在 profile.wxml 文件中，实现收藏数量统计折线图，如图 8-14 所示。

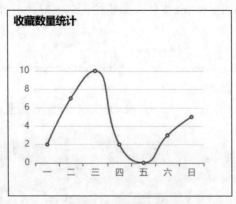

图 8-14　折线图效果

打开 pages/profile/profile.wxml 文件，编辑折线图的布局，具体代码如下。

```
<view class="data_chart">
    <view class="title">收藏数量统计</view>
    <ec-canvas id="mychart-dom-line" canvas-id="mychart-bar" ec="{{ ec }}"></ec-canvas>
</view>
```

打开 pages/profile/profile.js 文件，在 getOption()函数基础上继续编辑折线图的初始化数据，具体代码如下。

```
getOption(type, xData, yData) {
```

```
        var option={};
        if (type=="bar") {
        代码略
        } else if (type=="pie") {
        代码略
        } else if (type=="line") {
            option = {
                xAxis: {type: "category",data: ["一", "二", "三", "四", "五", "六", "日"],},
                yAxis: {type: "value",},
                series: [ {data: [2, 7, 10, 2, 0, 3, 5],type: "line",smooth: true,}]
            };
        }
        return option;
    }
```

打开 pages/profile/profile.js 文件，使用 selectComponent()函数获得图表组件，具体代码如下。

```
onLoad(options) {
    this.echartsComponet3=this.selectComponent("#mychart-dom-line");
    this.getData(this.echartsComponet3, "line");
}
```

项 目 小 结

本项目讲解了用户登录流程、退出登录的布局和样式、模板的语法和 ECharts 在小程序中的运用过程。登录和退出登录两种操作运用小程序提供的 API。小程序模板功能加快了小程序开发的速度。通过对本项目的学习，读者需要重点掌握设计一个用户信息页面的方法。

学 习 评 价

在各大招聘网站上搜索软件工程师的招聘条件，查找理想的软件开发工作岗位，评估自己与实际岗位的差距，完成表 8-1。

表 8-1 工作岗位技能量表

评价内容	评价等级			
	非常满意	满意	一般	不满意
参与功能需求说明书和系统概要设计，并负责完成核心代码				
根据开发规范与流程，独立完成核心模块的设计和编写相关代码				
能够进行项目代码调优、错误修改，完善项目案例功能				

续表

评价内容	评价等级			
	非常满意	满意	一般	不满意
能够应用 XML、HTML、CSS、JavaScript 等前端技术进行设计与开发				
精通 JavaScript 语言，掌握小程序开发环境，有项目开发经验				
熟悉 MySQL 等各类数据库并能熟练使用 SQL				
具有较强的学习能力，对技术研究和创新有浓厚的兴趣				
有较强的分析能力、理解能力、语言沟通能力和书面表达能力				
具备良好的团队合作精神，能够承受项目开发中的压力				

项 目 实 训

一、选择题

1. 下列关于用户信息属性描述错误的是（　　）。
   A．avatarUrl：用户头像的 URL 地址
   B．nickName：用户昵称
   C．province：用户所在省份
   D．gender：用户的性别，0 表示男，1 表示女
2. 下列关于 wx.getUserInfo()接口返回值说法错误的是（　　）。
   A．errMsg：错误信息
   B．rawData：用于计算签名
   C．iv：加密算法的初始向量
   D．userInfo：用户信息对象，包含 openid 等信息
3. 小程序模块化开发中，通过（　　）语法对外暴露接口。
   A．export   B．import
   C．require   D．moudle.exports
4. 小程序通过<template>的（　　）属性导入模板所需数据。
   A．value   B．data   C．data-item   D．item
5. 小程序模块化开发中，使用（　　）组件定义模板。
   A．view   B．model   C．component   D．template
6. 小程序通过<template>的（　　）属性来定义模板。
   A．is   B．isname   C．type   D．name

7. ECharts 是（　　）。
   A．商业聊天软件　　　　　　　　B．商业图片编辑软件
   C．商业办公软件　　　　　　　　D．商业产品图表库

二、综合实训

1. 使用模板功能，实现图 8-15 所示效果。

图 8-15　模板功能

2. 使用 ECharts 功能，实现图 8-16 所示效果。

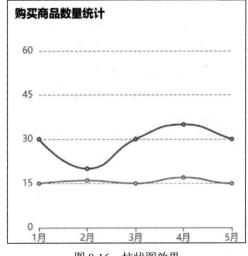

图 8-16　柱状图效果

项目 9　接口的设计与开发

教学导航

学习目标

1. 掌握 Node.js 安装配置的过程。
2. 掌握 Node.js 获取静态资源的方法。
3. 掌握 Node.js 路由配置的两种方法。
4. 学会小程序访问 Node.js 数据接口的方法。

素质园地

1. 独立完成"获得项目静态资源"任务，检测反馈课堂学习情况。通过小组内"你问我答"及小组展示活动，完成学习评价量表。

2. 培养学生规划职业的技能，鼓励学生参与"全国大学生职业规划大赛"，培养学生对事业、未来决策部署的信念，引导学生树立正确的职业观、就业观和择业观。

职业素养

1. 扫码观看视频"软件工程师——职业素养"，了解小程序开发工程师的招聘条件，了解小程序开发工程师所需的基本能力、开发规范、文档编写能力，培养学生的职业素质。

软件工程师——职业素养

2. 分小组讨论软件工程师需要具备哪些职业素养。小组长带领组员进行组内分享，接着派代表上台分享职业素养的收获。

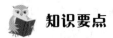
知识要点

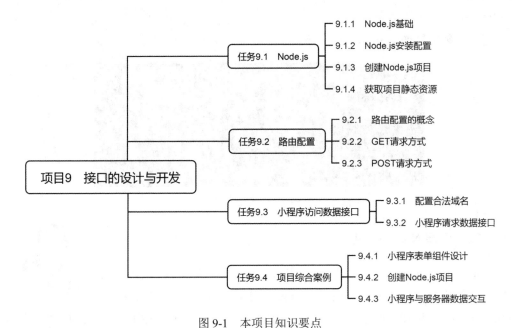

图 9-1 本项目知识要点

任务 9.1 Node.js

9.1.1 Node.js 基础

Node.js 基础

Node.js 就是运行在服务端的 JavaScript，是一个高效的 Web 开发平台。Node.js 诞生之前，在服务端运行 JavaScript 是一件不可思议的事情。因为那时，JavaScript 只能运行在浏览器中，作为网页脚本使用，为网页添加一些特效，或者和服务器进行通信。有了 Node.js 以后，JavaScript 就可以脱离浏览器，像其他编程语言一样直接在计算机上运行，不再受浏览器的限制。

Node.js 不是一门新的编程语言，也不是一个 JavaScript 框架，它是一个 JavaScript 运行环境，用来支持 JavaScript 代码的执行。用编程术语来讲，Node.js 是一个 JavaScript 运行时（Runtime）。

Node.js 是基于 Google Chrome V8 引擎的 JavaScript 运行环境，V8 引擎执行 JavaScript 的速度非常快，性能非常好。

9.1.2 Node.js 安装配置

Node.js 安装配置

在 Node.js 官网下载 Node.js 安装包及源码，也可以下载安装包和 API 文档。可以根据不同系统和计算机环境选择需要的 Node.js

安装包或 Node.js 版本。例如，对于 64 位 Windows 操作系统，可以下载 64 位安装包。

安装完 Node.js 之后，可以在命令提示符工具里测试安装结果，测试代码如下。

```
node -v
```

测试安装结果如图 9-2 所示。

图 9-2 测试安装结果

9.1.3 创建 Node.js 项目

创建 Node.js 项目

Visual Studio Code（VS Code）是 Microsoft 开发的跨平台脚本编辑器。它与 PowerShell 扩展相结合，提供了丰富的交互式脚本编辑体验，用户可以更轻松地编写可靠的 PowerShell 脚本。本节将采用 VS Code 编辑器进行项目编辑与运行。

【示例 9-1】使用 VS Code 编辑器新建 Express 框架的 Node.js 项目。

新建 api_server 文件夹，将其作为项目根目录，然后在 VS Code 编辑器中打开 api_server 文件夹，如图 9-3 所示。

图 9-3 打开 api_server 文件夹

在 VS Code 编辑器中单击工具栏中的"终端"→"新建终端"命令，可以在工具中看到新建的终端界面，在 PowerShell 工具中运行以下命令，初始化包管理配置文件。

npm init -y

npm 是一个基于 Node.js 的包管理器，也是整个 Node.js 社区较流行、支持第三方模块较多的包管理器。初始化项目如图 9-4 所示。

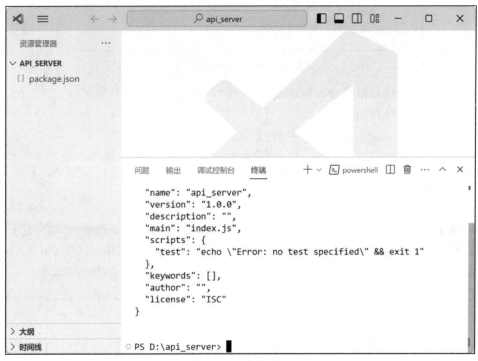

图 9-4 初始化项目

Express 是一个保持最小规模的、灵活的 Node.js Web 应用程序开发框架。在 PowerShell 工具中运行以下命令，安装 Express 框架。

npm install express --save

安装完 Express 框架之后，在 api_server 下会出现一个 node_modules 文件夹和 package-lock.json 文件，如图 9-5 所示。node_modules 通常用来存放项目所依赖的 npm 包及其相关依赖，以供应用程序在运行时动态加载所需的模块和库文件。在 Node.js 中，模块与文件是一一对应的。

package-lock.json 文件中的内容是 node_modules 文件夹中包结构的快照，npm 安装时会根据这份快照生成一模一样的 node_modules，所以确保了一份 package-lock.json 在任何机器、任何时间生成的 node_modules 都一样，避免了只依赖 package.json 产生的问题。

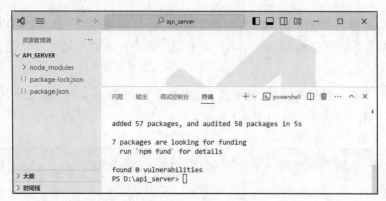

图 9-5　安装 Express 框架

在 api_server 项目根目录，新建 app.js 文件，其作为整个项目的入口文件。在 app.js 文件编写代码，具体代码如下。

```
const express=require('express')           //导入 express 模块
const app=express()                        //创建 express 的服务器实例
app.listen(3000,()=>{                      //调用 app.listen 方法，指定端口号并启动 web 服务器
    console.log('server is running')
})
```

Node.js 程序运行方式有多种，本书主要介绍用 node 或 nodemon 命令运行。在 PowerShell 工具中输入以下命令，按 Enter 键后，即可查看运行结果，如图 9-6 所示。

```
node app.js
```

图 9-6　运行程序

使用 node 命令运行程序时，若 app.js 文件的代码发生变化，需要要 PowerShell 工具中使用组合键 Ctrl+C 停止运行程序，再使用 node 命令重新运行程序。下面介绍一种可以自动检测到文件更新并自动重新调试程序的方法。

nodemon 是一个 Node.js 应用程序的监视工具，它可以自动检测到运行文件更新，通过自动重新启动应用程序来调试基于 Node.js 的应用程序。在 PowerShell 工具中输入以下命令，安装 nodemon。

```
npm install nodemon -g
```

在 PowerShell 工具中使用 nodemon 命令启动 app.js，代码如下。

```
nodemon app.js
```

按 Enter 键后即可查看运行结果，不管 app.js 文件的代码发生任何变化，应用程序都能自动重启运行，查看最新的运行结果，如图 9-7 所示。

```
问题    输出    调试控制台    终端              + ∨  ⅀ node

○ PS D:\api_server> nodemon app.js
[nodemon] 2.0.22
[nodemon] watching path(s): *.*
[nodemon] watching extensions: js,mjs,json
[nodemon] starting `node app.js`
server is running
```

图 9-7　nodemon 运行程序

9.1.4　获取项目静态资源

可以使用 Express 中的内置中间件函数 express.static()来提供网站后台的静态文件，如图像、CSS 文件和 JavaScript 文件等。函数具体语法如下：

获取项目静态资源

```
express.static(root, [options])
```

例如，通过以下代码将 public 目录下的图片、CSS 文件、JavaScript 文件设置为对外开放。

```
app.use(express.static('public'))
```

此时在外部就可以访问 public 目录中的所有文件了，例如：

```
http://localhost:3000/images/kitten.jpg
http://localhost:3000/css/style.css
http://localhost:3000/js/app.js
http://localhost:3000/images/bg.png
http://localhost:3000/hello.html
```

【示例 9-2】实现在 Node.js 项目获取静态资源文件。

在 api_server 项目中，创建 public 文件夹，在此文件夹下放置一些图片。在 app.js 文件中增加一行代码，代码如下。

```
app.use(express.static('public'))
```

Postman 是一个接口测试工具，在进行接口测试时，它相当于一个客户端，可以模拟用户发起的各类 HTTP 请求，将请求数据发送至服务端，获取对应的响应结果，从而验证响应中的结果数据是否和预期值相匹配，并确保开发人员能够及时处理接口中的程序错误，进而保证产品上线之后的稳定性和安全性。

Postman 与浏览器的区别在于有的浏览器不能输出 JSON 格式，而 Postman 更直观。下面使用 Postman 测试获取项目静态资源，如图 9-8 所示。

图 9-8　访问静态资源

任务 9.2　路由配置

9.2.1　路由配置的概念

路由配置的概念

路由是 Express 框架中重要的功能，是指确定应用程序如何响应客户端对特定端点的请求，该端点可以是 URL（或路径）和特定的 HTTP 请求方法（GET、POST 等）。每个路由可以有一个或多个处理函数，当路由匹配时执行。路由定义采用以下结构。

app.METHOD(PATH, HANDLER)

其中，app 是一个实例；METHOD 是一个 HTTP 请求方法；PATH 是服务器上的路径；HANDLER 是路由匹配时执行的回调函数。

例如，要处理 GET 请求，可以使用 app.get()方法，该方法接收两个参数：路径和回调函数。回调函数接收两个参数：请求对象和响应对象。

【示例 9-3】举例说明路由配置概念。

打开 api_server 项目，在 app.js 文件中增加以下代码，展示如何处理 GET 请求并返回"Hello World"。

```
app.get('/api', (req, res) => {
    res.send('Hello World');
});
```

在 Postman 地址栏中输入 http://127.0.0.1:3000/api，即可使用 GET 请求并返回"Hello World"结果，如图 9-9 所示。

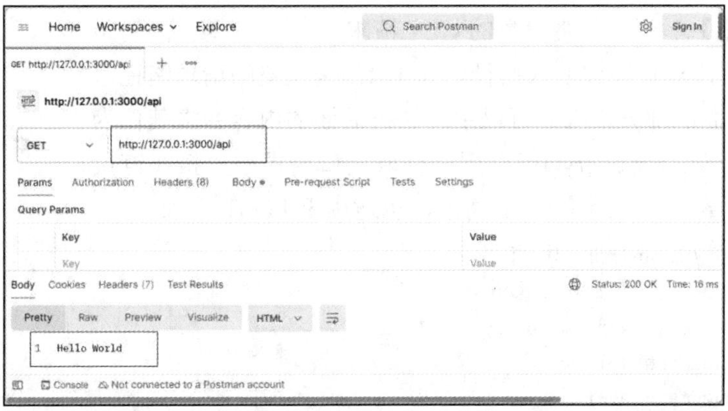

项目 9　接口的设计与开发

图 9-9　简单的 GET 请求

9.2.2　GET 请求方式

在很多场景中，服务器都需要跟用户的浏览器"打交道"，如表单提交，该功能一般都使用 GET/POST 请求。本节将介绍 Node.js 中的 GET/POST 请求。

GET 请求方式

【**示例 9-4**】举例说明 GET 请求的用法。

```
app.get('/api/getdemo,(req,res)=>{
    const data=['科技是第一生产力','科技兴国','创新引领发展']
    const index=Math.floor(Math.random()*data.length)
    res.send({
        msg:'success',
        data:data[index]
    })
})
```

在 Postman 地址栏中输入 http://127.0.0.1:3000/api/getdemo，即可使用 GET 请求并返回结果，如图 9-10 所示。

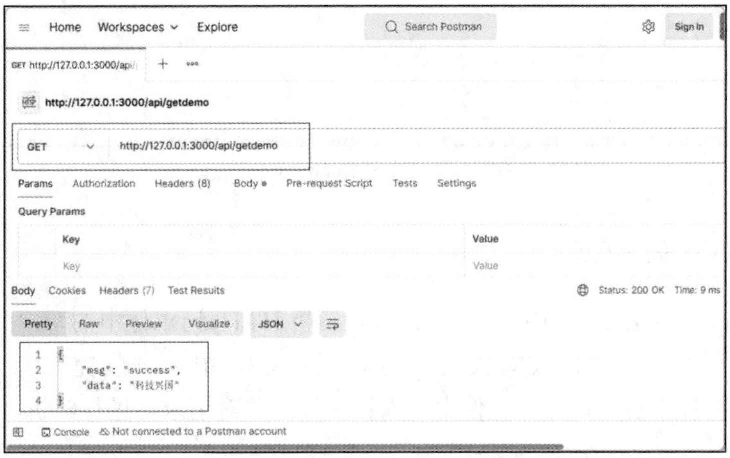

图 9-10　不带参数的 GET 请求

【示例 9-5】举例说明带参数的 GET 请求。

由于 GET 请求直接被嵌入路径，而 URL 是完整的请求路径，包括了"?"后面的部分，因此可以手动解析后面的内容并将其作为 GET 请求的参数。req.query()可以用来获取接口请求中拼接在链接"?"后边的参数，主要用于 GET 请求，也适用于 POST 请求。

带参数的 GET 请求

```
app.use('/api/getparam,(req,res)=>{
    console.log('请求参数：',req.query)
    const {name,age,sex} =req.query
    console.log('name:',name)
    console.log('age:',age)
    console.log('sex:',sex)
    res.send({
        msg:'success',
        data:'欢迎：'+name+',年龄：'+age+',性别：'+sex
    })
})
```

在 Postman 地址栏中，通过地址栏进行传参，传递 3 个参数，分别是 name、age、sex。输入 http://127.0.0.1:3000/api/getparam?name=小明&age=23&sex=男，即可使用 GET 请求并返回结果，如图 9-11 所示。

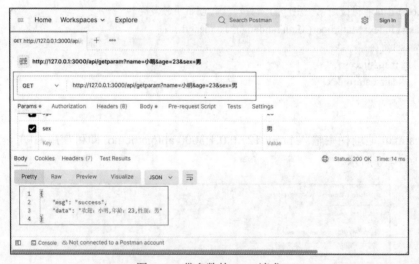

图 9-11　带参数的 GET 请求

9.2.3　POST 请求方式

POST 请求方式

body-parser 作为 Express 中间件，其作用是解析 HTTP 请求体中的 body 数据，并将数据解析成对象后绑定到 req.body 中。安装完 body-parser 中间件之后，在路由文件中引入该中间件并对请求体进行解析，代码如下。

```
const bodyParser=require('body-parser')
```

body-parser 使用 bodyParser.json 与 bodyParser.urlencoded 的解析功能，提供了 raw、urlencoded 等解析器。urlencoded 解析器的使用方法如下。

bodyParser.urlencoded({extended:[option]})

其中，option 的取值为 true 或 false。false 表示使用系统模块 querystring 来处理，为官方推荐参数；true 表示使用第三方模块 qs 来处理。

【示例 9-6】举例说明中间件 body-parser 的作用。

```
const bodyParser=require('body-parser')
app.use(bodyParser.urlencoded({extended:true}))
app.post('/postdemo,(req,res)=>{
    console.log('req.body 的内容：',req.body)
    res.send({
        msg:'success',
        info:req.body
    })
})
```

在 JavaScript ES6 中，{}可以用于解构赋值。解构赋值是一种从数组或对象中提取值并将其赋给变量的方式。例如：

const person = {name: 'John',age: 30,gender: 'male'};

可以改写为

const { name, age, gender } = person;

上述代码使用{}将 person 对象中的属性解构为单独的变量，这样可以直接使用 name、age 和 gender 变量来访问 person 对象中的属性。

res.send()是 Express 框架中的一种方法，在处理 HTTP 请求时被使用，用于向客户端发送 HTTP 响应。该方法将任意数据类型转换为字符串，并将其作为响应主体发送给客户端。

在 Postman 地址栏中，通过参数列表进行传参，如图 9-12 所示。

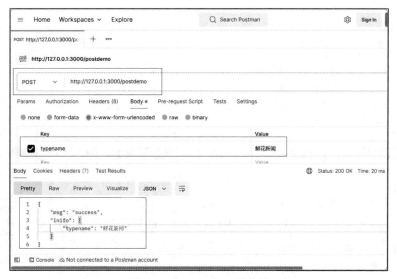

图 9-12　body-parser 的作用

【示例 9-7】举例说明 req.body 的作用。

从传入的 HTTP 请求流中读取请求的主体，然后解析在该请求主体中找到的 JSON。解析后，JSON 的结果属性被放入对象 req.body 中，以供后续请求处理程序使用其中的数据。该中间件填充它在解析的 JSON 中找到的任何属性。具体代码如下。

req.body 的作用

```
const bodyParser=require('body-parser')
app.use(bodyParser.urlencoded({extended:false}))
app.post('/postdemo2',(req,res)=>{
    const {news}=req.body
    console.log('req.body 数据：',req.body)
})
```

在 Node.js 中，req.body 用于获取请求中的数据。由于解析 body 的功能不是 Node.js 默认提供的，所以该方法需要载入 body-parser 中间件才可使用，并且该方法通常用于解析 POST 请求的数据，语法为 req.body.name，且默认是 undefined（未定义）。req.body 如图 9-13 所示。

图 9-13　req.body 的作用

【示例 9-8】举例定义一个完整的数据接口。

req.body 通常用于访问 HTTP 请求的 body 部分。如果在处理 HTTP 请求时遇到了 req.body 是 undefined 的情况，这通常意味着没有正确配置中间件来解析或访问请求体中的数据。具体代码如下。

完整的数据接口

```
const messageList=[]
app.post('/postdemo3',(req,res)=>{
    const {message}=req.body
    console.log('req.body',req.body)
    if(message ===undefined){
        res.send({
            status:404,
            msg:'信息添加失败'
        })
    }else{
        messageList.push(message)
        console.log(messageList)
        res.send({
            status:200,
            msg:'信息添加成功',
            data:messageList,
            total:messageList.length
        })
    }
})
```

运行结果如图 9-14、图 9-15 所示。

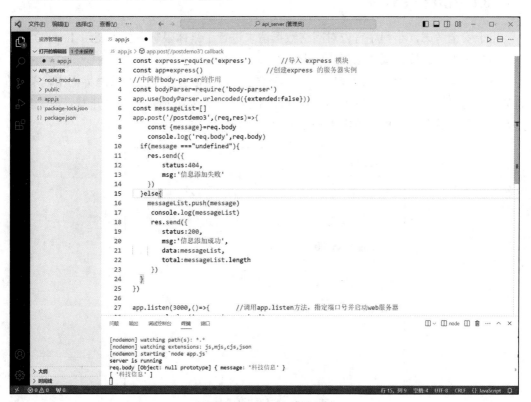

图 9-14 执行代码效果

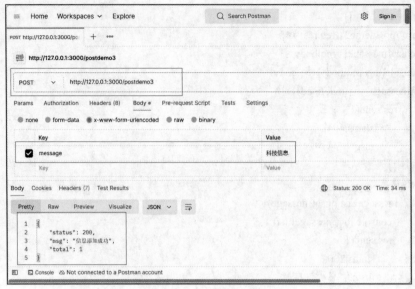

图 9-15 访问接口

任务 9.3 小程序访问数据接口

小程序访问数据接口

9.3.1 配置合法域名

出于安全考虑，小程序官方对网络数据请求进行了具体限制，要求使用 https 类型接口，另外必须添加接口域名至信任列表。

使用小程序的管理员账号登录微信公众平台。在微信公众平台的管理界面中，单击左侧菜单栏的"开发"选项，进入小程序管理后台。如图 9-16 所示，在"开发管理"界面，找到"服务器域名"一栏，单击"开始配置"按钮。

图 9-16 配置服务器域名

在"服务器域名"界面，读者可以配置小程序的请求域名、上传域名、下载域名等。单击"添加域名"按钮，输入要配置的域名，并选择域名的类型（请求域名、上传域名、下载域名），如图9-17所示，在request合法域名文本框中输入 https://map.qq.com，域名间以分号间隔。填写完之后，单击"保存并提交"按钮。

服务器配置	域名
request合法域名	https://map.qq.com
socket合法域名	-
uploadFile合法域名	-
downloadFile合法域名	-
udp合法域名	-
tcp合法域名	-
DNS预解析域名	-

图9-17 "配置服务器域名"界面

配置完域名后，微信会对域名进行验证。验证可以通过文件验证、HTML标签验证或DNS验证等方式进行。根据提示选择适合的验证方式，并按照微信提供的步骤进行验证。在完成域名配置和验证后，单击"保存并提交"按钮保存配置。读者还需要提交小程序的代码审核，等待微信官方审核通过后，配置的域名才能正式生效。

需要注意的是，配置域名时，需要确保域名的有效性和正确性，并遵守微信官方的规定和要求。此外，如果小程序需要使用超文本传输安全协议（Hypertext Transfer Protocol Secure，HTTPS）进行通信，则还需要确保域名已经部署了有效的SSL证书。

9.3.2 小程序请求数据接口

小程序表单数据需要跟服务器进行数据交互，这可以通过小程序中的网络接口wx.request()来实现。每个小程序需要事先设置通信域名，小程序只可以跟指定域名的服务器进行网络通信。域名只支持HTTPS和WSS协议（WebSocket协议）。

wx.request(Object object)表示发起HTTPS网络请求，该接口基本语法如下所示。

```
wx.request({
  url: '',      //接口地址
```

```
    data: {
      x: ",
      y: "
    },
    header: {
      'content-type': 'application/json'    //默认值
    },
    success (res) {
      console.log(res.data)
    }
  })
```

在上述代码中，url 是请求的服务器地址；data 是发送给服务器的数据；header 是请求头；success() 是请求成功后的回调函数，其中 res.data 是服务器返回的数据。

data 参数说明：最终发送给服务器的数据是 String 类型，如果传入的 data 不是 String 类型，则会被转换成 String 类型。转换规则如下：对于 GET 方法的数据，wx.request() 会将数据转换成 query string；对于 POST 方法且 header['content-type'] 为 application/json 的数据，wx.request() 会对数据进行 JSON 序列化；对于 POST 方法且 header['content-type'] 为 application/x-www-form-urlencoded 的数据，wx.request() 会将数据转换成 query string。

wx.request() 参数见表 9-1。

表 9-1 wx.request() 参数

属性	类型	是否必填	描述
url	String	是	开发者服务器接口地址
data	String/Object/ArrayBuffer	否	请求的参数
header	Object	否	设置请求的 header，header 中不能设置 Referer。content-type 默认为 application/json
method	String	否	HTTP 请求方法，包括 OPTIONS、GET、HEAD、POST、PUT、DELETE、TRACE、CONNECT。默认值为 GET
dataType	String	否	返回的数据格式，默认的返回类型为 JSON
success	Function	否	接口调用成功的回调函数
fail	Function	否	接口调用失败的回调函数
complete	Function	否	接口调用结束的回调函数（调用成功、失败都会执行）

为了方便学习，初学者可以在微信开发者工具中关闭域名校验功能，利用本地服务器来测试网络数据请求。单击微信开发者工具右上角的"详情"按钮，勾选"不校验合法域名、web-view（业务域名）、TLS 版本以及 HTTPS 证书"复选框，如图 9-18 所示。

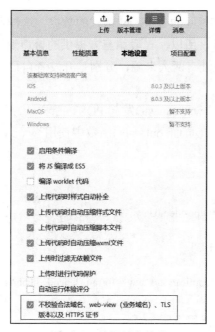

图 9-18　关闭域名校验

GET 请求实例

【示例 9-9】举例说明 wx.request()发起 GET 请求。

打开微信开发者工具,在页面 onLoad()函数中使用 wx.request()请求,具体代码如下。

```
onLoad(options) {
    wx.request({
        url: 'http://127.0.0.1:3000/api/getdemo',
        method:'GET',
        success (res) {
            console.log(res.data)
        }
    })
}
```

在上述代码中,使用 wx.request()发送一个 GET 请求,指定了 url 和 GET,然后定义了请求成功的回调函数 success()。在请求成功的回调函数中,可以对返回的数据进行操作,运行结果如图 9-19 所示。

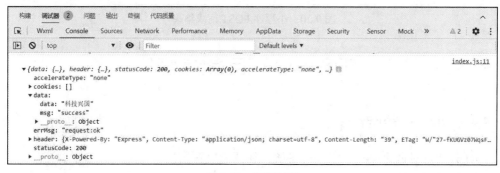

图 9-19　运行结果

从返回结果来看，程序返回的是 JSON 格式的数据，这样不仅处理起来方便，而且保证传输安全稳定，容易保存，所以，一般第三方提供的接口返回的数据都是 JSON 格式的数据。小程序 URL 接口地址有两大来源，分别是开发者自己在服务器上面的接口和第三方服务器提供的接口。

【示例 9-10】举例说明 wx.request()发起 POST 请求。

打开微信开发者工具，在页面 onLoad()函数中使用 wx.request()发送请求，具体代码如下。

POST 请求实例

```
onLoad(options) {
wx.request({
    url: 'http://127.0.0.1:3000/postdemo3',
    dataType: 'json',
    data: { message:'科技兴国'},
    method:'post',
    header:{"content-type":'application/x-www-form-urlencoded;chartset=utf-8'},
        success (res) {console.log(res)},
        fail(err){console.error(err)}
})
}
```

上述代码中，wx.request()用于发起网络 POST 请求。其中，url 参数是请求的地址，method 参数指定请求的方法为 POST，data 参数是请求的数据，message 对应接口定义的参数名，success 参数是请求成功后的回调函数，fail 参数是请求失败后的回调函数。在成功回调函数中，显示返回结果 res，如图 9-20 所示。

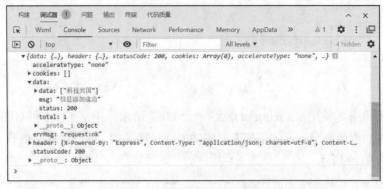

图 9-20 小程序 POST 请求结果

任务 9.4 项目综合案例

9.4.1 小程序表单组件设计

本任务通过对调查问卷小程序的讲解，让读者掌握常用表单组件的使用方法。

调查问卷小程序前端设计

【示例9-11】创建一个名称为 survey 的调查问卷小程序。

步骤1：打开微信开发者工具，创建一个名称为 survey 的调查问卷小程序。在 pages/index/index.wxml 文件中编辑调查问卷的表单，具体代码如下。

```
<view class="content">
    <form bindsubmit="onsubmit">
    <view>
            <text>姓名：</text>
            <input name="username" />
    </view>
    <view>
          <text>您现在几年级？</text>
          <radio-group name="class">
             <radio value="大一">大一</radio>
             <radio value="大二">大二</radio>
             <radio value="大三">大三</radio>
             <radio value="大四">大四</radio>
          </radio-group>
    </view>
     <view>
          <text>您的兴趣爱好有哪些？</text>
          <checkbox-group name="hobby">
              <label><checkbox value="游泳"/>游泳</label>
              <label><checkbox value="羽毛球"/>羽毛球</label>
              <label><checkbox value="篮球"/>篮球</label>
              <label><checkbox value="足球"/>足球</label>
          </checkbox-group>
    </view>
    <view>
          <text>您的学习计划：</text>
          <textarea class="plan" placeholder="请输入您的想法" name="plan"></textarea>
    </view>
    <button form-type="submit">提交</button>
    </form>
</view>
```

步骤2：在 pages/index/index.wxss 文件编辑样式，具体代码如下。

```
.content{margin: 50rpx;}
view{margin-bottom: 30rpx;}
input{width: 600rpx;border: 2rpx solid skyblue;margin-top: 10rpx;height: 70rpx;}
radio{margin: 10rpx 10rpx;}
checkbox-group{margin-top:10rpx;}
label{margin: 10rpx;}
textarea{margin-top: 10rpx;border: 2rpx solid skyblue;}
button{background-color: skyblue;width: 300rpx;}
```

调查问卷的效果如图 9-21 所示。

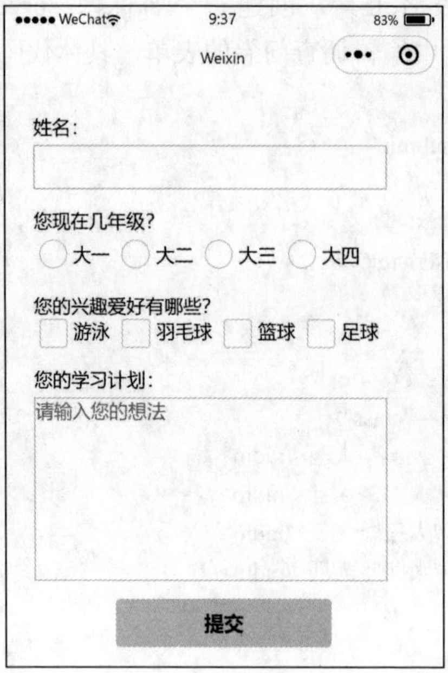

图 9-21　调查问卷的效果

9.4.2　创建 Node.js 项目

创建 Node.js 项目

【示例 9-12】使用 Node.js 创建数据接口。

步骤 1：在 api_server 项目中，新建一个名称为 survey.js 的文件，导入 body-parser 模块，用于解析客户端请求 body 中的内容。具体代码如下：

```js
const express=require('express')                //导入 express 模块
const app=express()                             //创建 express 的服务器实例
const bodyParser=require('body-parser')         //导入 body-parser 模块
app.use(bodyParser.json())                      //获取前端传送过来的数据
//增加解析 x-www-form-urlencoded
app.use(bodyParser.urlencoded({extended:false}))
app.post('/survey', (req,res)=>{                //定义数据请求路由模块
    console.log(req.body)
    res.send({
        data:req.body
    })
})
app.listen(3000,()=>{                           //调用 listen 方法，指定端口号并启动 web 服务器
    console.log('server is running')
})
```

步骤 2：启动 survey.js。在 PowerShell 工具中，使用 nodemon 命令启动 survey.js。

```
nodemon survey.js
```

步骤 3：使用 Postman 测试数据接口，在地址栏中输入数据接口地址 http://127.0.0.1:3000/survey。测试时，请求方式选择 POST，在 Body 选项中，选择 x-www-form-urlencoded，在表单中输入参数信息，如图 9-22 所示。

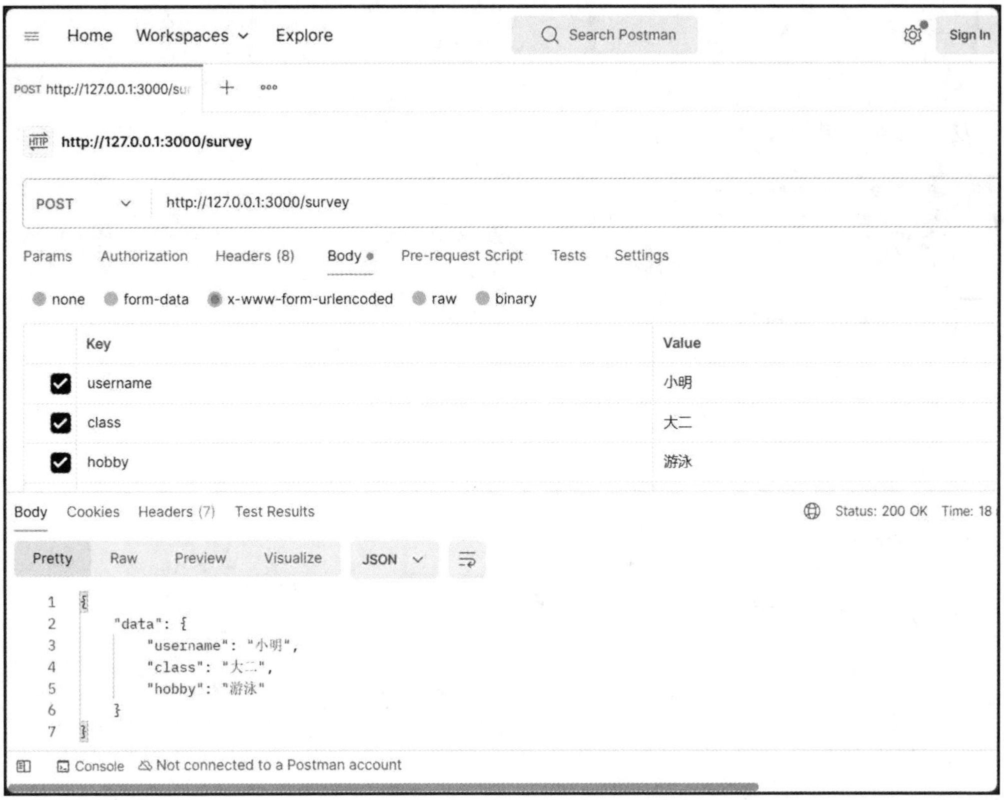

图 9-22　测试数据接口

9.4.3　小程序与服务器数据交互

小程序与服务器数据交互

【示例 9-13】实现小程序表单页面与 Node.js 服务器数据交互。

在 pages/index/index.js 文件编写表单提交的事件处理函数 onsubmit()，通过 wx.request() 向本地 HTTP 服务器发送 POST 请求，具体代码如下。

```
Page({
    data: {
},
    onsubmit:function(e)
    {
        wx.request({
            method:'POST',
            url: 'http://127.0.0.1:3000/survey',
```

```
                    data:e.detail.value,
                    success:function(res){
                        console.log(res)
                    }
                })
            }
})
```

发送请求效果如图 9-23 所示。

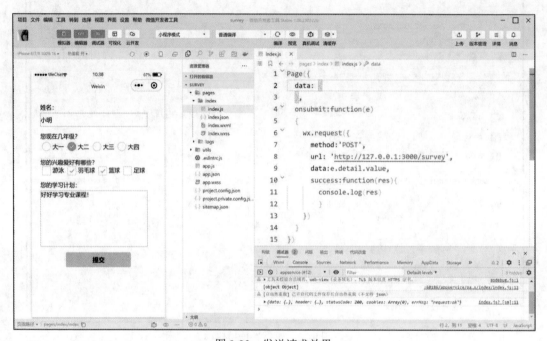

图 9-23　发送请求效果

项 目 小 结

　　Node.js 保留了 JavaScript 在 Web 浏览器端中所使用的大部分 API，本项目介绍了 Node.js 在 Windows 环境下的安装与配置，并介绍了 Node.js 项目的创建过程。通过路由配置来讲解 GET 请求和 POST 请求，使用 Node.js 编写小程序数据接口，对接小程序的网络请求，实现小程序访问数据接口的过程。

学 习 评 价

　　在开发"项目综合案例"中，合作团队遇到了哪些问题和困难，小组成员是如何交流解决这些问题的？整个项目流程是如何实现的？完成表 9-2 并反思项目开发过程。

表 9-2　项目综合案例评价

项目阶段	序号	评分项目	学生自检评分	小组互评	教师评分
项目建设计划	1	开发计划的制订			
	2	表单的设计			
	3	组员讨论的积极性			
开发实施过程	1	解决问题的能力			
	2	代码实现的规范性			
	3	组员参与开发积极性			
项目汇报	1	布局样式的规范性			
	2	工作规范的正确性			
	3	脚本的正确性			
	4	Node.js 程序的正确性			

注：评分等级为 10、9、7、5、3、0。

项目实训

一、选择题

1. 要使用 Node.js 的 http 模块创建一个 http server，需要调用（　　）方法。
   A．http.createClient　　　　　　　　B．http.createServer
   C．http.Server.listen　　　　　　　　D．http.get

2. 获取路由参数有（　　）种方式。
   A．1　　　　　　　　　　　　　　　B．2
   C．3　　　　　　　　　　　　　　　D．4

3. 路由指（　　）。
   A．接口
   B．根据 url 的变更重新渲染页面布局和内容的过程
   C．返回的数据
   D．以上都不对

4. package.json 文件中有一个（　　）字段，可以用于指定脚本命令。
   A．scripts　　　　　　　　　　　　　B．devDependencies
   C．script　　　　　　　　　　　　　　D．name

5. npm init 加（　　）参数可以生成 package.json 文件。
   A．-y　　　　　　　　　　　　　　　B．-v
   C．-i　　　　　　　　　　　　　　　D．-a

二、综合实训

1. 使用小程序访问以下 GET 数据接口。

```javascript
app.get('/get', function (req, res) {
    res.setHeader('Content-Type', 'text/plain;charset=utf8');
    res.end(JSON.stringify({
        code: 0,
        data: {
            brandName: '品牌名称',
            couponAvailableTime: '2020-45-34',
        },
        msg: 'success',
        success: true
    }))
})
```

2. 使用小程序访问以下 POST 数据接口。

```javascript
app.post('/post', function (req, res) {
    res.setHeader('Content-Type', 'text/plain;charset=utf8');
    res.end(JSON.stringify({
        code: 0,
        data: {
            list:[
                {
                    couponTemplateId: 1,
                    couponName: '小布丁代金券',
                }
            ],
            pageIndex: 1,
            pageSize: 10,
            total: 3
        },
        msg: 'success',
        success: true
    }))
})
```

项目 10 新闻数据接口

 教学导航

学习目标

1. 掌握 Node.js 与本地数据建立连接的过程。
2. 理解 Node.js 跨域的含义。
3. 掌握使用 Postman 对整个后端服务进行测试的方法。
4. 掌握使用 Node.js 简单查询列表的方法。

素质园地

1. 创新是引领发展的第一动力，新一轮科技革命和产业变革，正在以前所未有的广度和深度改变着产业发展模式，科技创新对产业变革和发展的引领、渗透、促进作用空前强大。让学生在新产品、新技术等方面，提出自己新的观点与见解。

2. 通过对项目的学习，学生能辨别优秀的项目作品，提高审美以及从优秀作品中领悟到设计隐含的逻辑美。

职业素养

1. 扫码观看视频"软件工程师——求职技巧"，引导学生进行就业前的自我认知与准备。

软件工程师——求职技巧

2. 引导学生从多个不同角度，系统而全面地感受面试过程中的自我介绍、面试技巧、礼仪与态度、问题回答等方面，鼓励学生在求职过程中保持乐观，养成不断学习和持续成长的态度。

3. 通过布置规划与讨论，引导学生在面试过程中展示独特性，突出自己的独特技能和优势，使自己与众不同。求职是一个需要策略和技巧的过程，只有做好充分的准备和调整好心态，才能找到更合适的工作。

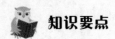

知识要点

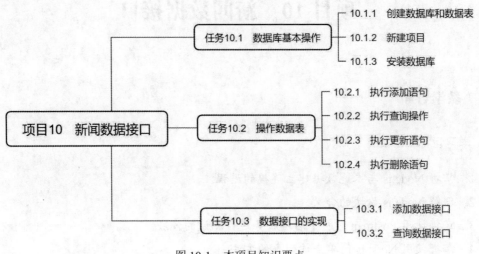

图 10-1　本项目知识要点

任务 10.1　数据库基本操作

数据库基本操作

在小程序开发中，数据存储和管理是不可或缺的一部分。MySQL 是一个流行的开源关系数据库管理系统，而 Node.js 是一个基于事件驱动、非阻塞 I/O 的 JavaScript 运行时环境。通过将 Node.js 和 MySQL 结合使用，读者可以轻松连接到数据库，并进行数据操作和查询。本任务将详细介绍如何在 Node.js 中连接 MySQL 数据库，包括安装依赖、创建数据库连接、执行查询和更新操作等。

10.1.1　创建数据库和数据表

【示例 10-1】使用 Navicate 创建 cms 数据库和两个数据表。

在 MySQL 中，创建数据库是通过 SQL 语句 CREATE DATABASE 实现的，代码如下。

```
CREATE DATABASE cms;
```

在创建完数据库之后，接下来的工作就是创建数据表。使用 CREATE TABLE 语句来创建数据表。创建数据表 tb_newstype 的代码如下，其中 typename 指的是新闻分类名称。

```
CREATE TABLE tb_newstype (
    id int(11) NOT NULL PRIMARY KEY AUTO_INCREMENT,
    typename varchar(20) CHARACTER SET utf8,
    status int(11) NOT NULL DEFAULT 0
)
```

创建数据表 tb_news 的代码如下。

```
CREATE TABLE tb_news (
```

```
    id int(11) NOT NULL PRIMARY KEY AUTO_INCREMENT,
    title varchar(50) COMMENT '新闻标题',
    typeid int(11) COMMENT '新闻类型编号',
    keywords varchar(20) COMMENT '关键字',
    summary varchar(255) COMMENT '新闻摘要',
    author varchar(20) COMMENT '新闻作者',
    com varchar(50) COMMENT '新闻来源',
    thumbnail varchar(100) COMMENT '缩略图',
    content text COMMENT '新闻内容',
    addtime int(11) COMMENT '更新时间',
    totalcount int(11) COMMENT '浏览次数'
)
```

10.1.2 新建项目

新建项目

【示例 10-2】新建名为 cms 的 Node.js 项目。

新建 cms 文件夹，并将其作为项目根目录，在项目根目录地址栏中执行 cmd 命令，在弹出的 cmd 窗口中输入以下命令，或者使用 VS Code 编辑器初始化包管理配置文件。

```
npm init -y
```

执行以下命令，安装 Express 框架。

```
npm install express --save
```

在项目 cms 下新建 app.js 文件，导入 Express 模板，并监听 3000 端口，具体代码如下。

```
const express=require('express')           //导入 express 模块
const app=express()                        //创建 express 的服务器实例
const bodyParser=require('body-parser')
app.use(bodyParser.urlencoded({extended:true}))
app.use(bodyParser.json())                 //解析 JSON 格式
app.listen(3000,()=>{                      //调用 app.listen 方法，指定端口号并启动 web 服务器
    console.log('server is running')
})
```

使用 node 命令启动 app.js。如果使用 node 命令启动 app.js，那么每次修改代码后，都需要重新启动服务器，读者可以安装 nodemon 监视工具，用于自动检测运行文件的更新。

```
node app.js
```

10.1.3 安装数据库

安装数据库

在开始开发之前，需要在 Node.js 项目中安装一个适用于 MySQL 的驱动程序。根据操作系统选择合适的 MySQL 版本，并按照官方文档进行安装，使用 npm 命令行工具可以很容易地安装 MySQL 驱动。

【示例 10-3】在 cms 项目下安装 MySQL。

在 cms 项目下安装 MySQL，代码如下。

```
npm install mysql
```

执行效果如图 10-2 所示，安装完 MySQL 后，可以看到在左边 node_modules 文件夹中新增了名为 mysql 的文件夹，说明 MySQL 插件已安装成功。

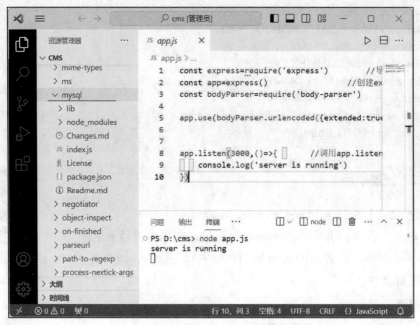

图 10-2　安装 MySQL 插件

在安装好数据库之后，需要测试安装是否成功。在项目 cms 下新建 db.js 文件，导入 mysql 模块并建立连接，在 Node.js 应用程序中，使用 require()导入 mysql 模块，使用通过 createPool()方法将 mysql 数据库连接到服务器，并声明一个 db 变量以建立与 MySQL 数据库的连接。在 Node.js 中，module.exports 是一个特殊的对象，用于导出模块中的函数、对象或值，以便其他文件可以通过 require()函数来使用它们。具体代码如下。

```
const mysql = require('mysql')          //导入 mysql 模块
const db = mysql.createPool({
    host: 'localhost',                   //表示连接某个服务器上的 mysql 数据库
    user: 'root',                        //数据库的用户名（默认为 root）
    password: 'root',                    //数据库的密码（默认为 root）
    database: 'cms',                     //创建的本地数据库名称
})
module.exports=db
```

知道如何导出模块文件之后，那么如何在其他 Node.js 中导入它呢？在 Node.js 中，可以使用 Node.js 的内置模块 require。require()方法用于导入一个模块，例如，在 app.js 文件引入 db.js 文件，通过 db.query()方法测试数据库是否连接成功，具体代码如下。

```
const db=require('./db')
db.query('select 1',(err,res)=>{
    if(err) return console.log(err.message)
    console.log(res)
})
```

测试 MySQL 安装的运行结果如图 10-3 所示。

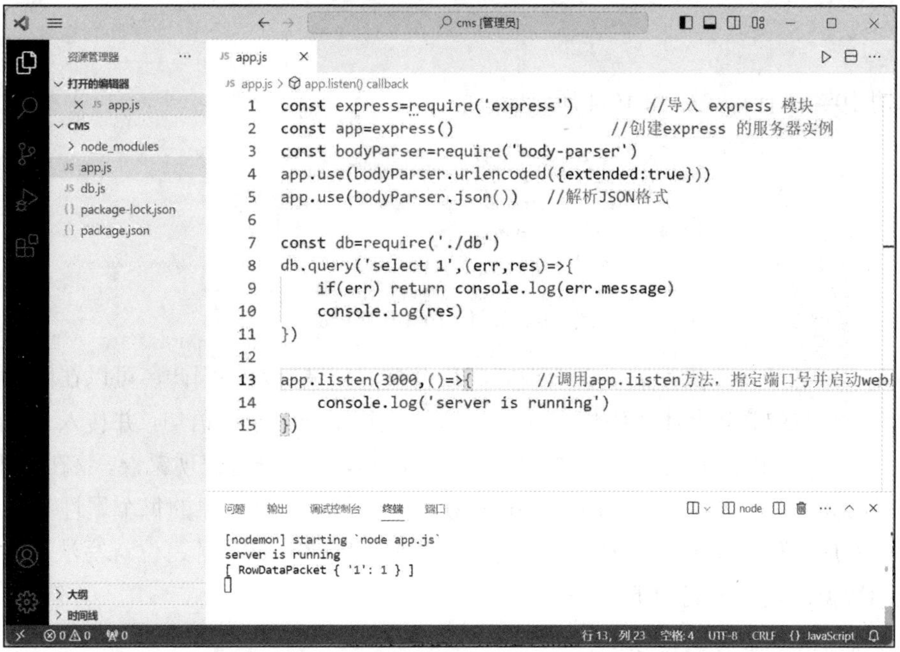

图 10-3 测试 MySQL 安装的运行结果

在使用 Node.js 和 MySQL 作为后端工具查询数据库时，会遇到 RowDataPacket 对象这种特殊的数据类型。RowDataPacket 是 MySQL 中的一个特定数据类型，用于表示从数据库中查询到的一条记录。它通常是一个包含列名和对应值的键值对对象。

[RowDataPacket { '1': 1 }]

任务 10.2 操作数据表

在 Node.js 中，使用 MySQL 实现对数据库的增加、删除、修改、查询（Create, Retrieve, Update, Delete，CRUD）操作是非常常见的。掌握 Node.js 对 MySQL 的 CRUD 操作，开发人员能轻松创建和管理 Web 应用程序。

10.2.1 执行添加语句

在 Node.js 中，使用 INSERT INTO 语句向 MySQL 插入单条或多条数据。

执行添加语句

【示例 10-4】举例说明使用 Node.js 向 MySQL 插入单条数据。

向 tb_newstype 表插入一条数据，具体代码如下。

```
const data={typename:'鲜花动态'}
const sql="insert into tb_newstype (typename) values(?)"
db.query(sql,[data.typename],(error,result)=>{
    if(error) return console.log(error.message)
```

```
        if(result.affectedRows===1){
            console.log('插入数据成功')
        }
})
```

示例 10-4 运行结果如图 10-4 所示。

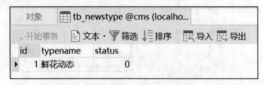

图 10-4　示例 10-4 运行结果

query()方法是异步执行的,在查询完成后会调用回调函数。因此,可以在回调函数中处理查询结果或错误。上述代码使用 query()方法执行了一个查询语句,并传入一个回调函数作为参数。回调函数的第一个参数是错误对象 error,如果查询出现错误,将在这里返回;第二个参数是查询结果 result。向表中插入数据时,如果数据对象的每个属性和数据表的字段一一对应,则可以通过以下方式快速插入数据,"set ?"是一种占位符写法,用于指定要插入的数据。具体代码如下。

```
const data={typename:'鲜花动态'}
const sql="insert into tb_newstype set ?"
db.query(sql,data,(error,result)=>{
    if(error) return console.log(error.message)
    if(result.affectedRows===1){
        console.log('插入数据成功')
    }
})
```

10.2.2　执行查询操作

【示例 10-5】举例说明 Node.js 查询操作。

执行查询操作

连接到数据库后,可以执行 SQL 查询语句并获取结果。查询 tb_newstype 表中的所有数据,并打印出每行的内容。具体代码如下。

```
const sql='select * from tb_newstype'
db.query(sql,(error,result)=>{
    if(error) return console.log(error.message)
    console.log(result)
    result.forEach((row)=>{
        console.log(row)
        console.log('id',row.id)
        console.log('typename',row.typename)
    })
})
```

上述查询结果中的每一行数据都是 RowDataPacket 对象,RowDataPacket 是 MySQL

包中一个类，用于表示查询结果中的一行数据，可以通过读取对象的属性来访问每个字段的值。在上述代码中，通过访问 id 和 typename 属性来获取每个字段的值，并打印出来。

查询结果如图 10-5 所示。

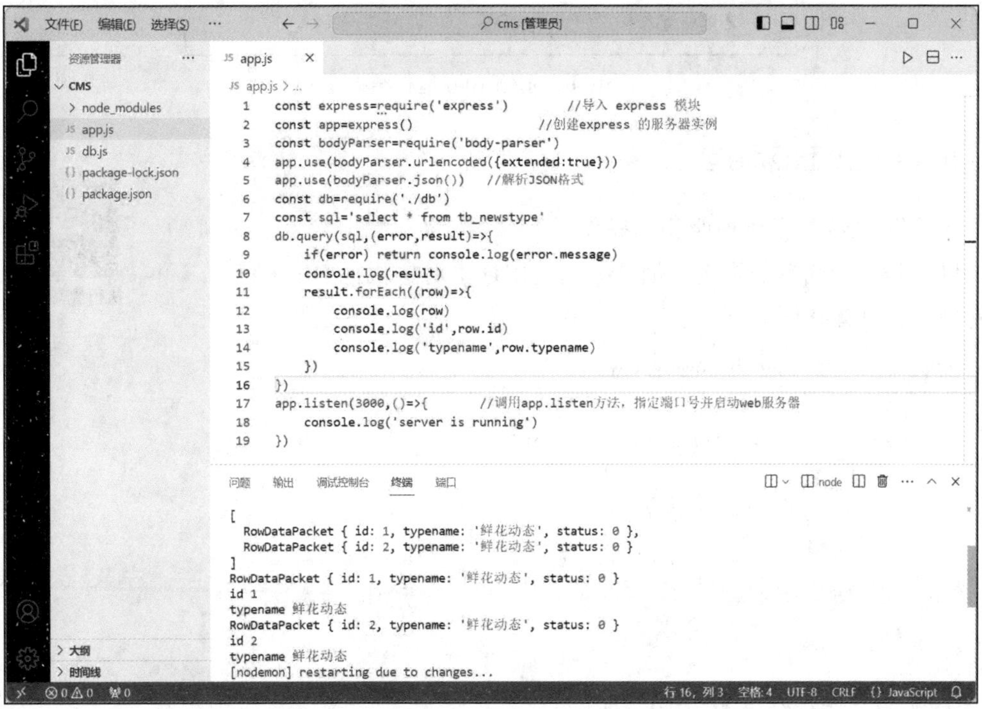

图 10-5 查询结果

10.2.3 执行更新语句

【示例 10-6】举例说明更新操作。

除了查询操作，还可以使用连接对象执行各种类型的 SQL 更新操作。以下是一个简单的示例，演示如何使用连接对象执行 UPDATE 更新操作。具体代码如下。

执行更新语句

```
const data={id:'1',typename:'最新动态'}
const sql="update tb_newstype set typename=? where id=?"
db.query(sql,[data.typename,data.id],(error,result)=>{
    if(error) return console.log(error.message)
    if(result.affectedRows===1){
        console.log('更新数据成功')
    }else{
        console.log('更新失败')
    }
})
```

示例 10-6 运行结果如图 10-6 所示。

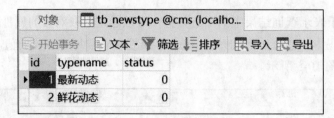

图 10-6　示例 10-6 运行结果

10.2.4　执行删除语句

执行删除语句

【**示例 10-7**】举例说明删除操作。

以下是一个简单的示例，演示如何使用连接对象执行 DELETE 删除操作。具体代码如下。

```
const sql="delete from tb_newstype where id=?"
db.query(sql,1,(error,result)=>{
    if(error) return console.log(error.message)
    if(result.affectedRows===1){
        console.log('删除数据成功')
      }else{
        console.log('删除数据失败')
    }
})
```

示例 10-7 运行结果如图 10-7 所示。

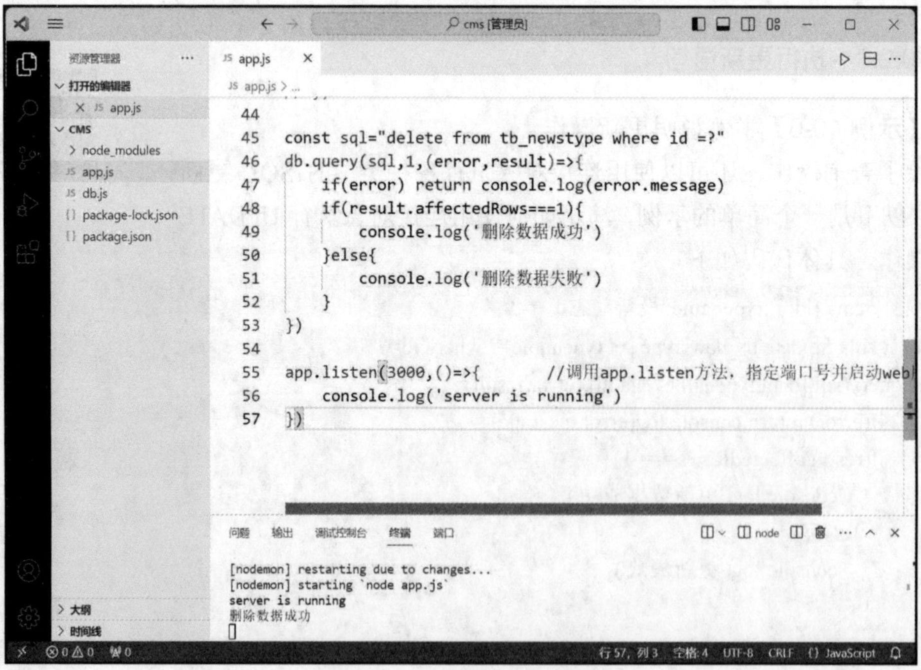

图 10-7　示例 10-7 运行结果

在实际应用中，为了保证数据的安全性，经常会应用标记删除，模拟删除的动作，此时数据还是保存在数据表。所谓的标记删除，就是在表中设置类似于 status 的状态字段，来标记当前这条数据是否被删除，例如，可以设置当 status 的值为 1 时，表示数据被删除；值为 0 时，表示数据未被删除。当用户执行了删除的动作时，并没有执行 DELETE 语句把数据删除掉，而是执行了 UPDATE 语句，将这条数据对应的 status 字段标记为删除。因此，可以使用更新语句代替删除语句，具体代码如下。

```
const sql="update tb_newstype set status=? where id=?"
db.query(sql,[1,2],(err,results)=>{
    if(err) return console.log(err.message)
    if(results.affectedRows===1){
        console.log('更新数据成功')
    }
})
```

上述代码中，数组[1,2]表示更新 tb_newstype 表中的数据，更新字段为 status，将 status 的值设置为 1，通过 id 值查找对应列的数据。

标记删除结果如图 10-8 所示。

图 10-8　标记删除结果

任务 10.3　数据接口的实现

随着科技的不断发展，人们获取信息的方式也在不断改变。在这个信息时代，新闻系统已经成为人们获取新闻资讯的主要渠道之一。本任务主要讲述了如何使用 Node.js 开发新闻分类数据接口。由于篇幅有限，该数据接口主要实现新闻分类插入和查询操作。

10.3.1　添加数据接口

【示例 10-8】实现添加新闻分类数据接口。

使用 Node.js 实现添加数据接口，POST 请求主要用于向服务器发送数据，该请求的内容全部在请求体中，下面示例获取 req.body.typename 的值，该属性主要用于 post()方法传递参数。具体代码如下。

```
app.post('/api/addNewsType',(req,result)=>{
    const data =req.body.typename
    const sql="insert into tb_newstype (typename) values(?)"
    db.query(sql,data,(error,res)=>{
```

```
            if(error) return console.log(error.message)
        result.json({
            err_code:200,
            message:res,
            affectedRows:res.length
        })
    })
})
```

添加数据接口代码编写如图 10-9 所示。

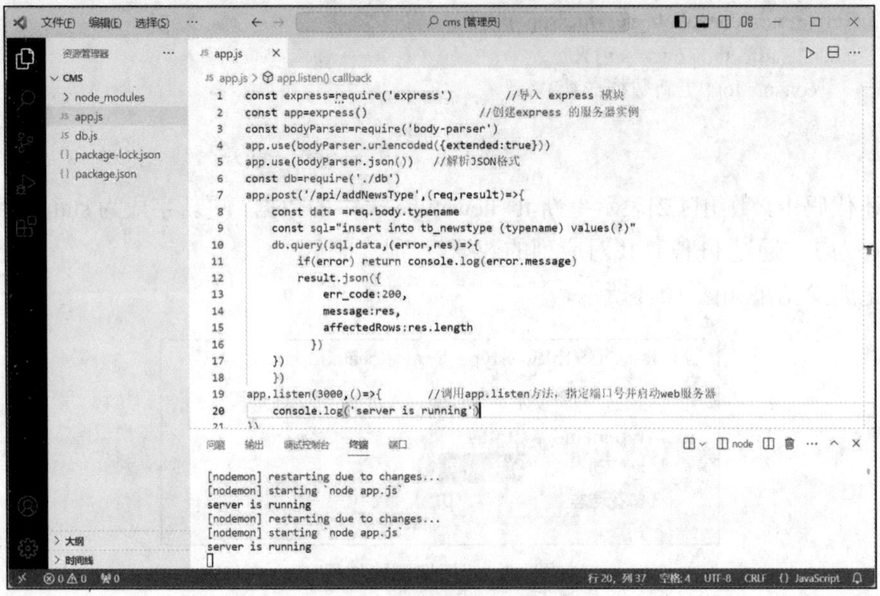

图 10-9 添加数据接口代码编写

添加数据接口代码编写好之后，在微信开发者工具中新建 pages/index/index.js 文件，编写 onLoad()事件函数。通过 wx.request()向本地 HTTP 服务器发送 POST 请求，并通过 data 参数传递了一个包含 typename 的数据，具体代码如下。

```
Page({
    onLoad(){
    wx.request({
        url: 'http://localhost:3000/api/addNewsType',
        method:'post',
        data:{
            typename:'鲜花动态'
        },
        success:(res)=>{
            console.log(res)
        }
    })
    }
})
```

添加数据接口返回结果如图 10-10 所示。

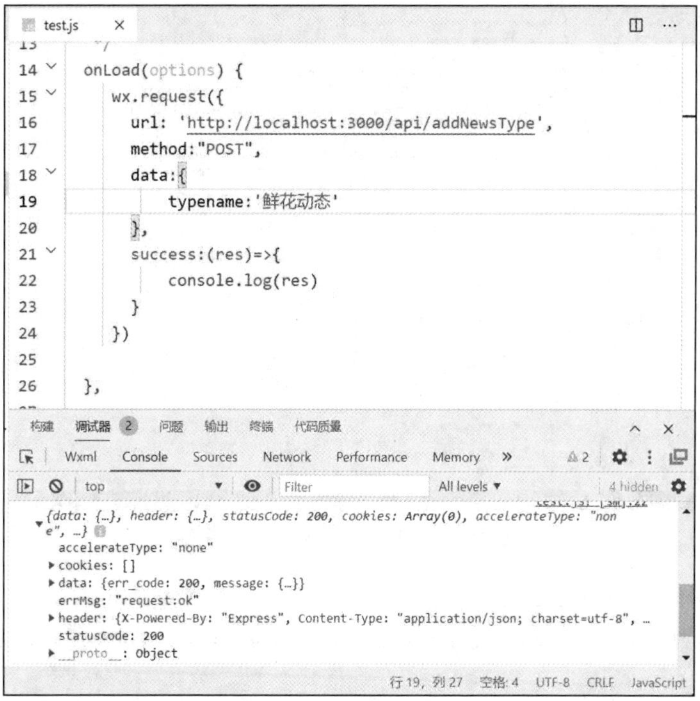

图 10-10　添加数据接口返回结果

10.3.2　查询数据接口

查询数据接口

【示例 10-9】使用 app.get()函数，实现查询数据接口。

使用 app.get(path,callback(req,result))()函数实现查询数据接口，path 是路径，callback 是个回调函数，req 是请求端发送过来的数据，result 是响应端返回的数据。调用 db.query(sql,callback)函数执行 SQL 语句。callback(err,res) 是执行 SQL 语句后的回调函数；err 是执行 SQL 语句错误时响应的数据；res 是执行 SQL 语句成功响应的结果，具体代码如下。

```
app.get('/api/newsTypeList',(req,result)=>{
    const sql='select * from tb_newstype'
    db.query(sql,(error,res)=>{
        if(error) return console.log(error.message)
        result.json({
          err_code:200,
          message:res,
          affextedRows:res.length
        })
    })
})
```

查询数据接口代码编写如图 10-11 所示。

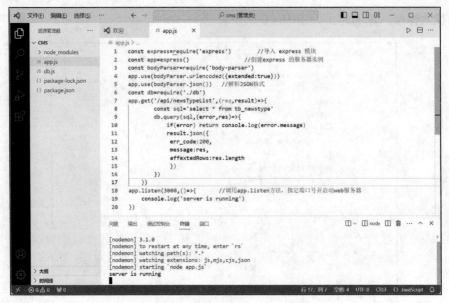

图 10-11　查询数据接口代码编写

查询数据接口代码编写好之后，在微信开发者工具的 pages/index/index.js 文件中，编写 onLoad()事件函数。通过 wx.request()向本地 HTTP 服务器发送 GET 请求，具体代码如下。

```
Page({
    onLoad(){
    wx.request({
        url: 'http://localhost:3000/api/newsTypeList',
        method:'get',
        success:(res)=>{
            console.log(res)
        }
    })
    }
})
```

查询数据接口返回结果如图 10-12 所示。

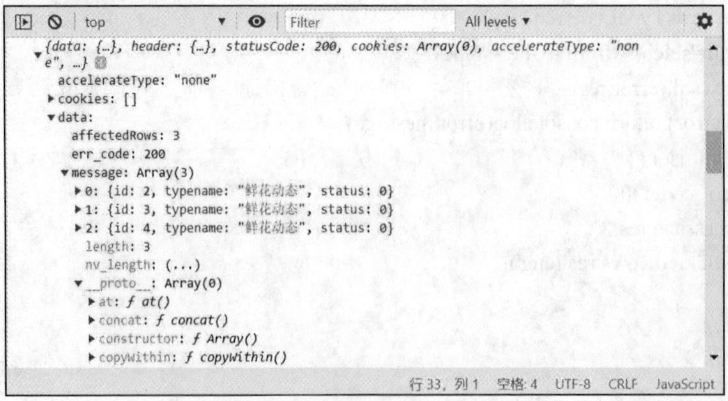

图 10-12　查询数据接口返回结果

项 目 小 结

本项目主要介绍了 MySQL 数据库的安装方法，以及操作数据表的方法；通过实现数据的 CRUD 操作介绍了基于数据库的应用开发过程和实现过程，同时介绍了数据库数据接口的实现过程，通过小程序数据请求实现接口的测试。本项目为多场景下的数据库编程提供了参考。

学 习 评 价

程序故障排查记录是数据库维护工作中的重要环节，通过积累和总结数据库故障排查记录，开发者可以提高编写代码的效率和质量，及时发现和解决问题，减少数据库故障次数和时间，请读者根据数据库代码故障排查过程完成表 10-1。

表 10-1　故障排查记录表

序号	故障现象	排查过程	解决方法	互助学习
1				
2				
3				
4				
5				
6				

项 目 实 训

一、选择题

1. 在 Node.js 代码中要加载 mysql 模块，应（　　）。
   A．无须加载，直接使用　　　　　　B．使用 require('mysql')
   C．使用 module 方法　　　　　　　D．使用 exports 方法
2. npm set 用来设置（　　）。
   A．默认值　　　　　　　　　　　　B．变量
   C．环境变量　　　　　　　　　　　D．默认环境
3. MySQL 是一种（　　）。
   A．关系数据库　　　　　　　　　　B．非关系型数据库
   C．资源管理器　　　　　　　　　　D．Python 的数据类型

4. module.exports 和 exports 的区别是（　　）。
   A. module.exports 是对象下的值 exports 是方法
   B. 没有区别
   C. module.exports 可以替换当前模块的导出对象
   D. 以上说法都对

二、综合实训

在 Express 框架中完成 MySQL 数据库的连接与操作。基于数据库 cms 中 tb_news 表中的数据，通过 Node.js 接口可以对新闻内容实现查询操作。

在 Express 框架中完成 MySQL 数据库的连接与操作。基于数据库 cms 中 tb_news 表中的数据，通过 node.js 接口可以对新闻内容实现增查询操作。

（1）安装 express。

```
npm i express -g
```

（2）用 express 命令生成项目环境，并新建项目文件夹。

```
express news      //news 为项目名
```

（3）安装项目依赖包。

```
npm install
```

（4）局部安装 mysql 模块。

```
npm install mysql
```

（5）编写代码，实现对 tb_news 表的查询操作。

```
app.get('/api/newsList',(req,result)=>{
    var t_id=req.query.typeid
    if(t_id !=undefined){
        var sql="select * from tb_news where typeid="+t_id
    }else{
        var sql="select * from tb_news"
    }
    console.log(sql)
    db.query(sql,(error,res)=>{
        if(error) return console.log(error.message)
        result.json({
            err_code:200,
            message:res,
            affextedRows:res.length
        })
    })
})
```

（6）在小程序中新建页面，在 onLoad() 函数中访问查询数据接口，并查看返回的结果。

参 考 文 献

[1] 诸葛斌，张淑，陈伟昌，等．微信小程序开发边做边学：微课视频版[M]．北京：清华大学出版社，2020．

[2] 陈云贵，高旭．微信小程序开发从入门到实战：微课视频版[M]．北京：清华大学出版社，2020．

[3] 周文洁．微信小程序开发实战：微课视频版[M]．北京：清华大学出版社，2020．

[4] 杜春涛．微信小程序开发案例教程：慕课版[M]．北京：中国铁道出版社有限公司，2019．

[5] 腾讯云计算（北京）有限责任公司．微信小程序开发（高级）[M]．北京：电子工业出版社，2022．

[6] 唐小燕，刘洪武．Node.js 应用开发[M]．北京：人民邮电出版社，2021．

[7] 刘刚．微信小程序开发图解案例教程：附精讲视频[M]．北京：人民邮电出版社，2017．

[8] 黑马程序员．微信小程序开发实战[M]．2 版．北京：人民邮电出版社，2023．